复杂条件下尾矿库稳定性分析及安全预警技术研究

杨 鹏 吕文生 诸利一 著

北 京
冶金工业出版社
2021

内 容 提 要

本书从矿山尾矿堆存条件出发，将不同化学环境影响下尾矿坝稳定性、尾矿库监测仪器腐蚀与防护以及尾矿库安全预警技术等方面有机结合，着重对化学离子作用下应力-渗流耦合对尾矿库稳定性影响、化学因素对尾矿性状影响、化学因素影响下孔隙比与渗透系数相关性、化学因素影响下尾矿库稳定性分析的数值计算、尾矿库埋入式监测传感器外壳腐蚀与防护、基于深度学习的尾矿库浸润线预测等问题进行了系统深入研究。

本书可供矿业、安全、岩土等领域的研究人员、管理人员和工程技术人员阅读，也可供大专院校有关专业师生参考。

图书在版编目 (CIP) 数据

复杂条件下尾矿库稳定性分析及安全预警技术研究/杨鹏，吕文生，诸利一著. —北京：冶金工业出版社，2021.8

ISBN 978-7-5024-8868-0

Ⅰ.①复… Ⅱ.①杨… ②吕… ③诸… Ⅲ.①尾矿坝—稳定性—研究 ②尾矿坝—安全技术—研究 Ⅳ.①TD926.4 ②X93

中国版本图书馆 CIP 数据核字 (2021) 第 143094 号

出 版 人 苏长永
地 址 北京市东城区嵩祝院北巷 39 号 邮编 100009 电话 (010)64027926
网 址 www.cnmip.com.cn 电子信箱 yjcbs@cnmip.com.cn
责任编辑 高 娜 美术编辑 彭子赫 版式设计 郑小利
责任校对 郑 娟 责任印制 禹 蕊
ISBN 978-7-5024-8868-0
冶金工业出版社出版发行；各地新华书店经销；三河市双峰印刷装订有限公司印刷
2021 年 8 月第 1 版，2021 年 8 月第 1 次印刷
710mm×1000mm 1/16；12.5 印张；240 千字；187 页
73.00 元
冶金工业出版社 投稿电话 (010)64027932 投稿信箱 tougao@cnmip.com.cn
冶金工业出版社营销中心 电话 (010)64044283 传真 (010)64027893
冶金工业出版社天猫旗舰店 yjgycbs.tmall.com
(本书如有印装质量问题，本社营销中心负责退换)

前　言

　　矿产资源是人类赖以生存和发展的重要物质基础，是国家安全和国民经济稳定发展的重要保障。在中国，95%以上的一次能源、80%以上的工业原材料和70%以上的农业生产资料均取自矿产资源，矿产资源支撑了国民经济的运转和发展。因此，对矿产资源的合理开发具有重要意义。

　　中国是一个矿业大国，尾矿库的数量之多堪称世界之最。据2018年数据统计，全国共有14217个尾矿库，占世界数量的50%以上。尾矿库不仅会占用大量的农用、林用土地，破坏其所在地区土地资源的配置和周边生态环境，而且它是一个具有高势能的人造泥石流危险源，一旦发生事故，将对工农业生产及下游人民生命财产造成重大的灾害和损失。美国克拉克大学公害评定小组的研究表明，在世界93种事故、公害的隐患中，尾矿库事故的危害名列第18位，仅次于核爆炸、神经毒气、核辐射等危害。所以，研究尾矿库的稳定性和提前预警预报对其安全管理和运营具有重要意义。

　　国内外广大学者和工程技术人员经过多年的理论研究与实践探索，形成了众多关于尾矿库稳定性分析和预警预报成果。但是针对硫化物矿床、海滨或海底矿床开采选别出来的带有化学因素影响的尾矿，其堆存形成复杂条件下尾矿库的稳定性和安全预警技术，缺乏系统性研究，因此，我们通过研究化学因素影响下的尾矿库稳定性，分析了尾矿库稳定性在线监测中因化学条件作用下监测仪器和传感器腐蚀规律，提出了具有知识产权的防腐蚀措施，并根据机器学习实现了尾矿库预警预报，研究成果对于复杂环境下尾矿库稳定、安全、高效的管理具有一定的科学意义和价值。

本书是基于国家"十三五"重点研发计划项目"大型高尾矿库的多信息安全监控测量技术及装备"课题（2017YFC0804604），结合国内外研究现状以及本课题组在2017～2020年课题执行期间积累的相关研究成果，经过系统的总结凝练形成的。本课题组通过理论与实验研究相结合，对化学离子作用下应力–渗流耦合对尾矿库稳定性影响规律、化学因素影响下尾矿性状变化规律、化学因素影响下孔隙比与渗透系数相关性、化学因素影响下尾矿库稳定性分析的数值计算、尾矿库埋入式监测传感器外壳腐蚀规律与防护方法、基于深度学习的尾矿库浸润线预测优化等问题进行了深入、系统的研究；此外，在尾矿库埋入式监测传感器外壳腐蚀与防护研究中，从实验方案设计实施入手，分析了入地式监测传感器外壳腐蚀规律，在理论研究成果的基础上，提出了一种聚苯胺/硝酸铈/环氧聚合涂层的制备方法，并制备了该涂层，试验表明该涂层对基体具有明显防腐蚀作用，该研究申请了国家发明专利（申请号：202011385193.9）。

本书将多化学因素影响的复杂环境下尾矿库稳定性、监测传感器腐蚀性状和防护方法、浸润线预测优化、机器学习的预警预报系统等内容有机结合起来，一定程度上丰富了复杂条件下尾矿库如何安全维护和运营管理的理论方法和技术，为矿山工作者提供了新的理论和实践指导。

　　本书由杨鹏、吕文生、诸利一策划撰写并统稿,北京科技大学硕士研究生程晓亮、王淇萱、何涛和北京联合大学硕士研究生戴健非等参与了部分章节的工作,北京科技大学硕士研究生赵子岐、魏钊、刘行、常杨等参与了部分图表的绘制、文献的整理以及全文的校对工作,还有其他博士研究生和硕士研究生参与了本书其他的一些相关工作,限于篇幅,不再一一列举他们的名字,在此一并表示感谢。特别感谢课题合作单位福建马坑矿业有限公司副总经理官林海、副总工程师余祖芳、安全环保科科长郭攀以及其他矿山技术人员给予的宝贵支持。此外,感谢中国安全生产科学研究院院长张兴凯研究员、中国计量大学李青教授、北京科技大学蔡嗣经教授等专家的悉心指导、支持和帮助。感谢北京科技大学土木与资源工程学院、金属矿山高效开采与安全教育部重点实验室、材料与工程学院、"腐蚀与防护"教育部国防科技重点实验室、北京联合大学北京市信息服务工程重点实验室等单位提供的高水平研究平台。

　　鉴于尾矿库稳定性和安全预警技术研究非常复杂,且作者水平所限,本书仅对化学环境影响下尾矿库稳定性部分理论和实验做了有限的探讨,书中不妥之处,恳请同行专家、读者批评指正。

作　者

2021 年元月

目　录

1 绪 论

1.1 引 言

人类文明的发展离不开自然界的各种资源，尤其是矿产资源，现代的工业发展对矿产资源的依赖越来越高。我国金属矿山资源极其丰富，但品位一般都比较低，因此采矿业每年会产生数量巨大的尾矿和废石。尾矿是矿山在开采和选矿过程中由于现有技术水平和尾矿品位的制约，而无法再分离出有效组分的部分。我们将一个或多个尾矿坝堆筑拦截谷口或围地所构成的矿山生产设施，用以堆存矿石粉碎选别后所残余的有用成分含量低、当前经济技术条件下不宜进一步分选的固体废弃材料（尾矿和废石）称为尾矿库。我国金属矿山的特点是富矿少贫矿多，随着矿产资源开发规模的增大，固体废弃物产生量逐年增长，截至 2018 年年末我国尾矿的堆存量已达 80 亿吨，且以每年 3 亿吨的速度不断增长。尾矿库不仅需要占用大量的土地（美国犹他州麦格纳的 Kennecott 尾矿贮存设施占地面积为 8700 英亩，1 英亩 = 0.004047 平方千米），而且又是一个具有高势能的重大危险源，一旦发生溃坝，将会造成不可估计的人员伤亡和财产损失。据不完全统计数据，1975～2000 年期间，世界范围内约 75% 的矿山重大环境事故与尾矿库有关；Azam S. 等统计分析了过去一百年里全球 18401 座矿山尾矿库安全情况，结果显示其溃坝事故率高达 1.2%，比蓄水坝 0.01% 的溃坝事故率高出 2 个数量级。近些年随着社会经济进步与技术革新，尾矿库事故总体呈下降趋势，但重大事故发生频次却不减反增。据 1910～2010 年期间全球统计数据，55% 的尾矿库重大溃坝事故发生在 1990 年以后，并且 2000 年之后的溃坝事故中 74% 属于重大或特别重大事故。如 2008 年 9 月 8 日，我国山西省襄汾县塔山铁矿尾矿库因违规运营发生特别重大溃坝事故，泄漏尾矿约 19 万立方米，将下游 50m 外的办公楼、农贸市场、居民区等人群密集区全部淹没，酿成至少 277 人死亡、33 人受伤的惨重后果，直接经济损失 9619.2 万元，给当地经济发展和社会稳定造成极其恶劣影响；如 2019 年 1 月 25 日，巴西淡水河谷公司位于米纳斯州布鲁马迪纽市（Brumadinho）的一座 1300 万立方米的尾矿坝崩塌，事故造成 179 人死亡，131 人失踪，同时对周边地区造成了难以修复的生态破坏。

另外，在一些金属矿山开采中，尤其是硫化物矿山选别出的硫化矿尾矿暴露在空气下被氧化，经过降雨的淋溶，浸出重金属离子，形成含有硫酸和硫酸盐的矿山酸性废水。此外，随着矿产资源采掘不断向深海和深地进军，滨海矿山在开采和选别中产生的废石和尾砂往往富含氯盐和硫酸盐，同样在露天堆存的外部环境作用下会形成高浓度的盐卤水。在这一类复杂的化学环境下，尾矿的堆存不仅对周边生态系统造成严重的污染，而且对尾矿库监测仪器仪表带来了严重的腐蚀，使监测系统精准度下降甚至失灵，进而带来尾矿库安全高效运营和维护等工作的困难，一旦尾矿库运营不当，极容易出现尾矿坝溃坝事故。

为此，国内外学者针对尾矿坝失稳进行了大量研究，分析出各大尾矿库失事原因，总结出失事的一些原因，大致可分为以下 5 类，分别是：

(1) 渗流场导致尾矿坝不稳定（渗流和内部侵蚀）；

(2) 尾矿坝基础不稳定（地基条件差）；

(3) 洪水使尾矿坝边坡失稳（洪水漫顶）；

(4) 地震效应（静态和地震不稳定性）；

(5) 其他原因（矿山沉陷、结构、外部侵蚀和斜坡不稳定性）。

关于尾矿坝基础不稳定、洪水使尾矿坝边坡失稳、地震效应和静态液化等造成尾矿坝失稳甚至溃坝的相关研究已经较多，而系统性地针对不同化学条件的复杂环境下尾矿坝渗流和内部腐蚀等研究还较少，因此，本书基于国家"十三五"重点研发计划项目"大型高尾矿库的多信息安全监控测量技术及装备"子课题，以尾矿库的"生命线"——浸润线为主轴，对化学离子作用下应力-渗流耦合对尾矿库稳定性影响、化学因素对尾矿性状影响、化学因素影响下孔隙比与渗透系数相关性、化学因素影响下尾矿库稳定性分析的数值计算、尾矿库埋入式监测传感器外壳腐蚀与防护、基于深度学习的尾矿库浸润线预测等几个方面展开了研究，较为完善地总结了复杂条件下尾矿库稳定性和安全预警技术的理论和实践研究成果。

1.2　尾　矿　库

1.2.1　尾矿库分类

尾矿库包括建设和存储系统、防洪系统、运输系统、尾矿回水系统及管理和维护系统。可根据建筑尾矿库周边的地形条件，大致可划分为以下四种类型。

1.2.1.1　山谷型

山谷型尾矿库是在山谷的谷口处筑坝形成的尾矿库。它在谷口筑坝、三面依山而建，初期坝构建方便，而且堆积坝较高，维护方便，然而雨季时汇水面积较大，容易引发洪水漫顶，所以排洪系统工程量较大，目前该型尾矿库在各国普遍应用较广，具体形式如图1-1所示。

1.2.1.2　平地型

平地型尾矿库是在平缓地形的周边筑坝围成的尾矿库。筑坝工程量大，由于采用上游筑坝法，所以随着堆坝的升高库存会减小，呈顶部小底部大的金字塔形状，该类型尾矿库受降雨及山洪影响小，但维护成本高，一般很少采用，只有平原地带才会采用，具体形式如图1-2所示。

图 1-1　山谷型尾矿库

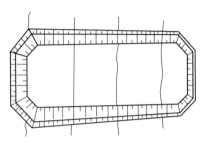

图 1-2　平地型尾矿库

1.2.1.3　傍山型

傍山型尾矿库是在山坡脚下依山筑坝所围成的尾矿库。它仍然是借助山脉优势建库，所以有一定的汇水面积，由于库容较小，也不利于防洪，雨季时要特别监测与防护，该类尾矿库在低山脉或土丘地带应用较多，具体形式如图 1-3 所示。

1.2.1.4　截河型

截河型尾矿库是截取一段河床，在其上、下游两端分别筑坝形成的尾矿库。它多出现在河川地区，通常也是直接截取河床，上下围挡而成，这种尾矿库不占用农田，节约了土地，但是后期管理维护复杂，国内很少采用，具体形式如图 1-4 所示。

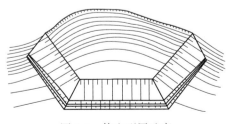

图 1-3　傍山型尾矿库

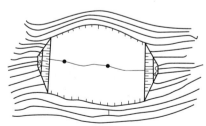

图 1-4　截河型尾矿库

1.2.2　尾矿库等级

尾矿库的等级决定防洪标准及库内构筑物的级别,而构筑物的级别决定结构安全度。尾矿库库容和尾矿坝高度等因素确定了尾矿库的等级,而尾矿库的等级和构筑物的重要性则确定了构筑物的等级。尾矿库和构筑物的等级标准见表 1-1 和表 1-2。

表 1-1　尾矿库等级

等级	全库容 $V/10^4\mathrm{m}^3$	坝高 H/m
一	二等库具备提高等别条件者	
二	$V \geqslant 10000$	$H \geqslant 100$
三	$1000 \leqslant V < 10000$	$60 \leqslant H < 100$
四	$100 \leqslant V < 1000$	$30 \leqslant H < 60$
五	$V < 100$	$H < 30$

注:坝高指尾矿最终堆积标高与初期坝轴线处坝底标高的高差。当有下列情形之一时,应将表列等级提高一级:(1) 尾矿库失事将使下游城镇、工矿企业、铁路干线与大面积农田遭受严重灾害,或有其他特殊要求,经过充分论证后;(2) 工程地质条件及水文地质特殊复杂时。初期坝的等级和中间阶段尾矿堆积坝的等级应根据相应的库容或坝高参照本表分别确定。

表 1-2　构筑物等级

尾矿库等级	构筑物等级		
	主要构筑物	次要构筑物	临时构筑物
一	1	3	4
二	2	3	4
三	3	5	5
四	4	5	5
五	5	5	5

由于尾矿库是不断堆积加高的,尾矿库的库容和坝高逐渐增大,因此尾矿库使用后期的等级常较初期或中期为高。尾矿库的等级越高,对其安全程度的要求越高,其建、构筑物的设计安全系数越大,排洪标准也越高。

1.2.3　尾矿坝筑坝方式

堆积坝指生产过程中用尾矿充填堆筑而成的坝。其堆筑方式可分为上游式尾矿筑坝法、中线式尾矿筑坝法、下游式尾矿筑坝法。

1.2.3.1 上游式尾矿筑坝法

上游式尾矿筑坝法是在初期坝上游方向充填堆积尾矿的筑坝方式（见图1-5）。这种筑坝方式优点明显，其无论是建造还是后期管理都较为简单方便，而且造价不高，因此这种筑坝方式被广泛使用。但是其在地震力作用下容易失稳，安全问题亟待解决。

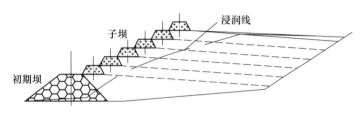

图 1-5　上游式尾矿筑坝法

1.2.3.2 下游式尾矿筑坝法

下游式尾矿筑坝法是在初期坝下游方向用旋流器分离粗尾砂的筑坝方式（见图1-6）。这种筑坝方式渗透性好，而且坝体比较稳定，有利于在地震力作用下保证尾矿库的安全。但是其堆筑过程较复杂，实用性比较差。

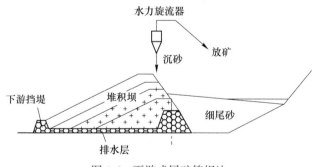

图 1-6　下游式尾矿筑坝法

1.2.3.3 中游式尾矿筑坝法

中游式尾矿筑坝法是在初期坝轴线处用旋流器分离粗尾砂的筑坝方式（见图1-7）。其在后期管理上虽然比较繁琐，但中游式尾矿筑坝法的堆积坝渗透性和稳定性比上游式尾矿坝好，相对于下游式尾矿坝，其在我国尾矿库中使用较为普遍。

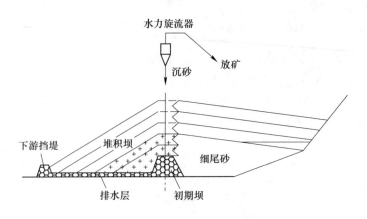

图 1-7 中游式尾矿筑坝法

1.3 尾矿库在线监测系统

中国早期尾矿库监测预警手段主要采用人工监测,主要监测指标包括坝体坡比、坝体位移、浸润线、干滩长度等。企业设置了巡坝工,每日对尾矿库坝体、排水构筑物、防排渗设施等的规格与设计的符合性、形态完好性进行巡查,并对检查结果进行记录。同时,辅助手段还有聘请专家开展专项巡查、定期开展尾矿库安全评估等措施。随着对国内外尾矿库事故成因的深入分析,尾矿库在线监测系统的关键监测指标完成了由单一指标监测到指标体系监测的转变。尾矿库在线监测系统主要监测指标逐步完善,可概括为:尾矿坝浸润线、库内水位、干滩长度、坝体表面及内部的位移、降水量等。

1.3.1 监测要素的选取

每个监测要素是尾矿库监测系统中的一个个小单元,要素选取直接关系到尾矿库安全监测是否能得到有效保证。因此,监测要素的选取必须遵循规范、全面、合理原则,根据国家安全总局发布的《尾矿库安全监测技术规范》(AQ 2030—2010) 要求,尾矿库安全监测主要内容为位移、渗流、干滩、库水位、降雨量等几个方面,按照尾矿库建设等级,划分了不同监测要素的安装要求,具体如表 1-3 所示。

根据表 1-3 可看出,尾矿库安全监测技术规范针对不同等级的库别设置了一个原则性要求,因此在具体尾矿库监测方案中应该按实际情况科学、规范、合理的选取监测要素。

表 1-3 不同等级尾矿库监测要素和要求

监测内容	尾矿库等级				
	一	二	三	四	五
位移	应设置	应设置	应设置	应设置	应设置
浸润线	应设置	应设置	应设置	应设置	应设置
库水位	应设置	应设置	应设置	应设置	应设置
干滩	应设置	应设置	应设置	应设置	应设置
降水量	应设置	应设置	应设置	应设置	应设置
孔隙水压力	必要时设置	必要时设置	必要时设置	必要时设置	
渗透水量	必要时设置	必要时设置	必要时设置	必要时设置	
浑浊度	必要时设置	必要时设置	必要时设置	必要时设置	
在线监测系统	应设置	应设置	应设置	宜设置	

1.3.2 监测点位的布设

1.3.2.1 基于规范的监测点位布置

从《尾矿库安全监测技术规范》（AQ 2030—2010）的监测位置布置规定可知，规范均为对布点断面和布点位置原则性规定，如在坝体内部位移监测断面规定指出应根据尾矿库的等级、筑坝的施工方式、坝体结构、尾矿库所处地质条件等情况而定，一般设置在最大坝高断面和其他地形条件复杂处，断面个数一般为1~3个，且每个断面布置1~3条监测垂线；而在布点位置（布点的间距和点数）的规定方面也只给出了一般性要求，如垂线监测点间距应根据坝体高度、结构、材质以及施工方法和质量确定，一般间距为2~10m，每条监测垂线上布置3~15点。

尾矿库监测中测点的位置布置是其中的重点和关键，然而规范只给出了通用的原则性要求，由于尾矿库监测系统复杂，对于实际应用还不够。因此，需要结合尾矿库风险进行布置，以补充实际监测点的布置。

1.3.2.2 基于全生命周期风险分析的监测点位布置

尾矿库安全监测系统中涉及的风险不仅包括尾矿库自身安全，而且涵盖系统整体性风险。尾矿库安全风险的研究能为监测系统测点布置提供直接依据，分析是否透彻将关系到矿企的监测成本。从某种程度上说，安全监测系统并不是降低风险的措施和工具，而是通过实时监测并及时发现风险隐患，进而针对具体风险采取相应的有效措施来降低系统整体性风险。

在尾矿库风险识别、分析以及防控中，以往单从某个特定时期出发，很少考虑将整个尾矿库全生命周期的四个阶段（勘察设计、建造、运行、闭库）联系起来进行分析，没有从根本上认识到风险因素全生命周期的整体性，因而不能完全保证尾矿库的安全运行。

A　勘察设计阶段

在尾矿库全生命周期中勘察设计是其中的关键环节，其质量取决于尾矿库设计单位的业务水平、设计方案（如防洪级别、抗震级别）。从自然因素考虑，尾矿库所处位置的地质构造、地震烈度、不良气候以及如泥石流、山体滑坡等其他地质灾害风险均是后续在线监测点位布置应考虑的客观影响因素。

B　建造阶段

在尾矿库建造阶段主要是对初期坝、副坝、排洪设施、监测设施等进行施工作业，施工质量直接决定尾矿库是否存在带病运行，这些工程构筑物若存在安全隐患，将很难在后期运行中消除。因此该阶段的风险识别要做到全面、系统，以为后续运行提供有力保障。

C　运行阶段

尾矿库的运行周期一般都较长，有的长达百年。随着服务年限的增加，尾砂堆积越来越多，风险因素也在不断变化。因此，为监测系统点位布置识别风险更要从整体性、系统性出发。全面考虑堆积坝高度、尾矿物理力学特性、干滩长度、浸润线埋深、库水位、颗粒级配、天然沉积密度、排渗设施的完好指数等因素造成的风险，同时还包括降水强度、汇水面积、地震烈度等环境因素对尾矿库在线监测系统的点位布置影响。

D　闭库阶段

尾矿库闭库后并不代表没有风险隐患，长期风化侵蚀会使得沉积滩滩面坡度平缓，尾矿库抗洪能力降低。因此，在闭库阶段也可以适当考虑尾矿库监测，但是由于尾矿不再排放和堆积，可以根据具体情况布置监测传感器的点位。

根据尾矿库全生命周期风险因素的识别和分析，提出如下点位布置措施：

（1）建立尾矿库全生命周期风险指标体系，划分不同风险指标等级；

（2）按照风险指标等级确定传感器点位重点位置、数量等布置参数；

（3）基于全生命周期采用网络拓扑结构布点，如图1-8所示。

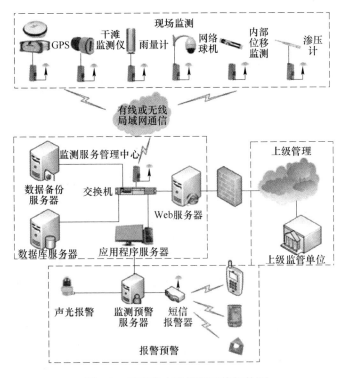

图 1-8 尾矿库在线监测系统拓扑图

2　化学离子作用下应力-渗流耦合对尾矿库稳定性影响研究

2.1　概　　述

迄今为止，国内外大量专家学者从不同角度采用不同方法对尾矿坝失稳机理进行了研究，总结了尾矿坝失稳的发生机理和相关的计算模型，但考虑到尾矿库堆积过程中时间、空间的复杂性，大多数研究往往独立研究应力场、渗流场、位移场等，忽略多场之间的耦合关系，这样不会得到真实的致灾计算模型，导致最终的研究结果与实际不能很好契合。作为岩土介质，应力与渗流两者的相互作用是工程中稳定性判断的主要参考依据，研究两者的耦合作用意义重大。并且随着计算机技术的发展，饱和-非饱和有限元计算理论的成熟应用，应力-渗流两场耦合的数值计算也日趋成熟，应用广泛，这为两场的耦合研究提供了有效途径。

金属矿山特别是金属硫化物矿山，经过破碎的尾矿中的硫化物成分如黄铁矿、磁黄铁矿、黄铜矿、闪锌矿在表生条件下，能与氧气反应产生高浓度酸性水，国外某些矿山（主要是分布在东南亚和太平洋的部分岛国、地中海沿岸少数国家、加拿大、挪威和美国阿拉斯加）为了杜绝含硫矿与空气接触发生氧化反应而将尾矿排于水体下进行储存，而国内针对酸性尾矿水的处理措施单一且不完善，酸性水的存在也是尾矿库现存的问题之一。这些酸性矿山废水不仅会破坏矿区周围环境，而且会促进其中的重金属元素产生淋滤和迁移，从而对矿区周围的环境产生严重威胁。目前铅锌矿尾矿废水大多呈现碱性，重金属主要以金属硫化物、氧化物形式存在，当原矿中含有黄铁矿时，浮选使用的大量石灰会使矿浆的pH值达到12，对尾矿库的环境和安全运行带来影响。

目前涉及尾矿库内复杂的化学离子，研究常常集中在环境保护与腐蚀防护等方面，化学作用作为应力-渗流两场耦合的影响因素之一，研究尾矿长期处于化学因素下的性状变化对尾矿库稳定性的影响，不仅可以开拓尾矿库稳定性分析的方法和思路，也会使今后的数值模拟结果与工程实际更相符，避免计算上的误差导致工程上的判断失误，为今后的尾矿库稳定性分析的准确性提供保证。

2.2 化学离子作用下应力-渗流耦合对尾矿库稳定性影响研究综述

2.2.1 多场耦合作用对尾矿库稳定性影响的研究

多孔介质中，应力-渗流两场的耦合被看做固体与液体之间的相互作用、相互影响，因此也被称作为流固耦合。

针对尾矿库内的应力-渗流多场耦合问题，大部分学者专家的研究集中在利用成熟的数值模拟软件并建立流固耦合模型对尾矿库的稳定性进行分析。汤卓等针对上游法筑坝工艺，建立尾矿库的三维模型，通过研究水土交互特征曲线以及渗流-应力场耦合效应，建立了流固耦合计算模型，得出考虑流固耦合使计算结果与实际更相近的结论。陈学辉等利用 Geo Studio 软件对尾矿的坝体进行了流固耦合分析，证实考虑耦合状态得到的不同水位线下的尾矿坝运行状况与实际情况更相符。蒋成荣等通过 FLAC 3D 数值分析软件，得到流固耦合状态下尾矿库的动力响应特征。赵小平等通过建立三维流固耦合模型，对初期坝的稳定性进行了分析，指导安全施工。对于尾矿坝体的稳定性，更多学者将水土（流固）耦合在有限元分析软件中进行模拟计算，并得到了理想的计算结果，为生产的安全进行与维护提供保障。李培超等在流固耦合的分析中，除了得到应力场和渗流场的方程，还建立起孔隙率与渗透率的动态模型。

2.2.2 化学因素对尾矿库稳定性影响的研究

国内外的学者通过研究得出溃坝主要是由洪水漫坝、地震液化、渗流破坏等引起。其研究内容主要为应力场、渗流场和位移场的单独研究，比如：渗流、坝体的应力应变、位移变形以及抗震响应等。

在国外，加拿大曾经对 108 个废矿进行持续调查，发现尾矿库在关闭几百年后仍存在大量酸性水渗漏的现象，说明酸性水对尾矿库与环境的影响是持久的。国外有一些关于化学因素在多场耦合中的研究，2004～2007 年的 DECOVALEX-THMC 计划研究了在极其复杂的温度-渗流-应力（THM）耦合模型中的化学过程。在微观方面，MT Zandarín 等利用流固耦合有限元研究了毛细管力对尾矿坝稳定性的影响。综合来看，国外针对尾矿库内化学离子的研究重点集中在环境污染的预防与治理上，Mascaro 和 Kwang-KooKim 针对化学离子对环境的污染等进行了研究，Quigley、Mohamed 和 Kraft 研究了水化学环境下金属离子的运移规律。而在化学因素对尾矿坝体稳定性影响的研究很少提及。

国内学者刘庭发等人的研究指出由于尾矿料中可能含有某些不稳定化合物以

及较多的金属氧化物成分，其化学变化会改变土料的物理力学性质。饶运章通过对某黄铁铅锌矿 14 年的废水监测，将 pH 值与重金属污染情况联系起来，并建立了数学模型。冯夏庭、吴恒对化学环境下尾矿坝的淤堵问题、堤岸边坡的腐蚀问题和岩石破裂随时间发展的基本规律进行了研究。马少建、林美群等对尾矿重金属离子及酸碱溶液浸出规律进行了研究。白云鹏应用有限元分析软件，研究了酸碱溶液作用下的尾矿坝稳定性。郑训臻分析了酸碱溶液作用下对尾矿坝内的应力-渗流场的影响，建立了相对应数学模型并进行计算。梁冰等研究了 pH 值对尾矿砂压缩特性的影响。张鹏等将堤坝边坡的安全系数与污染物迁移建立联系，指出 10 年间酸性污染物腐蚀使堤坝边坡安全系数减小约 10%。李长洪等指出在目前国内外的研究中，很少涉及考虑水化学作用对于尾矿坝稳定变形机理的影响和尾矿的力学强度指标随时间逐渐衰减的演化规律。

综合看来，国内针对尾矿库内化学因素影响的研究虽然比国外多，但尚处于起步阶段。

2.2.3　目前研究存在的不足

涉及尾矿库中应力渗流等多场耦合机制的研究取得了不少成果，但考虑到化学因素参与时，目前研究仍然存在不足。

（1）化学因素影响下尾矿的沉降、固结规律的相关研究匮乏，传统岩土领域的原理运用到尾矿库稳定性分析中并不合理。我国普遍存在尾砂分级处理后粗尾砂用于充填，细尾砂排送至尾矿库，这导致尾矿库内尾砂的力学强度低、渗透性差并且不易固结。据实际的勘测数据了解到尾矿库各个部位的渗透系数、沉降规律变化比较复杂。基于上述原因，同时尾矿材料还受化学等多因素影响，其性质会产生动态变化，传统土力学中土体沉降、固结理论以及材料本构关系在尾矿库中的适用性并不大。

（2）化学因素影响下，尾矿库内材料的细观演变机理研究尚待开发。目前岩体中的应力-渗流耦合取得的成果要比岩土领域的多，涉及化学因素对岩土工程的影响研究的范围与深度更是有限，目前尾矿坝溃坝的分析主要集中在洪水漫顶、渗透破坏失稳、坝坡失稳、地震失稳等宏观方面，而尾矿坝失稳的细观机理研究、坝体内结构和材料受力学参数演变过程的研究较少，这也为今后多场耦合下坝体失稳的研究增加了障碍，并且细观机理的研究在宏观的运用上存在衔接不通畅等问题。

（3）计算模型尚不完善。尾矿库内的化学作用使尾矿的力学指标发生动态变化，使得传统力学模型不能反映尾矿的真实情况。并且目前尾矿库的数值模拟研究涉及的未知方程较多，大多数研究为了方便得到数值解而将三维问题简化为二维，这样也使模型的建立不能较好的符合实际情况，而化学因素的加入无疑给模型的建立增加了难度，所以化学因素影响下三维模型的准确构建与运算能力的提升是将来研究的重中之重；微观和宏观研究的时间、空间尺度不能相互适用，目前研究针对尾矿的多尺度描述仍处在探索阶段，尺度无法精确识别也会导致经验模型在尺寸上不适用而失效。微观上各种参数存在动态变化，这使得多尺度模型的建立难度大大增加；尾矿库溃坝演进的研究中，溃坝位置、大小及其演变的计算大部分都基于假设与经验公式，而化学溶蚀与胶结堵塞作用也许会是溃坝的导火索之一，忽略这些因素会使计算模拟与实际产生较大偏差，但目前这方面的研究鲜有提及。

2.3 应力-渗流耦合作用下的尾矿库稳定性分析

在岩土工程中，应力场和渗流场作为影响其稳定性的主要因素，其间的相互作用和影响机制需要从基本的理论出发，并体现在实际工程应用中。应力场的作用会引起岩土介质的位移和孔隙体积发生改变，从而会使孔隙率和孔隙比随之变化，作为渗流场的主要影响参数，这直接导致渗流系数的改变，进而影响渗流场；而针对渗流场影响应力场问题，渗流场中的水体、通过渗流体积力、渗透压力作用于岩土土颗粒介质，会使应力场的分布发生着变化。

2.3.1 尾矿库内的应力场对渗流场的影响

对于尾矿库工程，是尾矿经水力冲填沉积、逐年加高而形成的，尾矿库土体则是典型的颗粒堆积多孔介质，同时由于尾矿放矿水的影响，尾矿库体内各填筑材料的沉积时间以及各部位的密实度、固结度、应力场差异较大，各部位的渗透系数随坝体应力的变化而不同。土体中的应力根据传递方式可分为有效应力和孔隙水压力，根据成因可分为自重应力和附加应力。土体中有效应力是土颗粒骨架承担的应力，因此有效应力可能使土层产生沉降变形。

尾矿作为一种多孔介质，孔隙率、孔隙比是影响渗透系数、渗透率最主要的参数，经过试验以及经验总结，渗透率 k 可以用孔隙率、孔隙比来表示。

（1）砂性土的渗透率 k 表达式：

$$k = C_2 D_{10}^{2.32} C_u^{0.6} \frac{e^3}{1+e} = C_2 D_{10}^{2.32} C_u^{0.6} \frac{n^3}{(1-n)^2} \tag{2-1}$$

式中，C_2 为试验常数；D_{10} 为 10% 的有效粒径，mm；C_u 为均匀系数；e 为孔隙比。

（2）固结黏性土的渗透率表达式：

$$k = C_3 \frac{e^m}{1+e} = C_3 \frac{n^m}{(1-n)^{m-1}} \tag{2-2}$$

式中，n 为孔隙率；C_3，m 均为试验常数。

而孔隙率可以建立与体积应变之间的关系：

$$n = \frac{\varepsilon_v + n_0}{1 + \varepsilon_v} \tag{2-3}$$

式中，n_0 为初始孔隙率；ε_v 为应力场下的土体的体积应变，表达式为：

$$\varepsilon_v = \frac{\Delta V}{V} \tag{2-4}$$

式中，V 为土体总体积；ΔV 为土体总体积中孔隙体积的变化量，cm^3。

所以渗透率 k 或渗透系数 K 可以与体积应变建立联系，在此基础上，由于体积应变是由应力场决定的，所以渗透系数 K 也可以与应力建立联系，两者关系如下：

$$K = K(\sigma, p) = \frac{\gamma}{\mu} k \exp(-\alpha \sigma_{ij} + \beta p) \tag{2-5}$$

式中，p 为孔隙水压力，Pa；α，β 为试验参数。

目前国内的学者柳厚祥、周建国、苗丽、王强等也提出了供参考的渗透系数与体积应变、应力之间的关系式。

周建国等在研究中，采用渗透系数与体积应变的关系作为应力-渗流的耦合桥梁：

$$K = K_0 \left[\frac{(n_0 + X_v)(1 - n_0)}{n_0(1 - n_0 - X_v)} \right]^3 \tag{2-6}$$

式中，n_0 为土体初始的孔隙率；X_v 为土体单元的体积应变，cm^3；K_0，K 分别为孔隙率为 n_0 和 n 时对应的渗透系数，cm/s。

苗丽给出渗透系数与体积应变的关系：

$$K = K_0 \exp\left(T \frac{n_0 + X_v}{1 - n_0 - X_v} \right) \tag{2-7}$$

式中，T 为试验常数，基于经验；K_0 为初始渗透系数，cm/s；n_0 为初始孔隙率；X_v 为应力场下的体积应变，cm^3。

王强等对于尾矿坝渗流-应力耦合的研究则基于以下关系式：

$$K = K_0 \exp[-U(e^{-p})] \tag{2-8}$$

式中，e 为尾矿的土体应力，N；K_0 为初始渗透系数，cm/s；p 为渗流的静水压力，Pa；U 为经验系数。

从上述的渗流与应力场数学关系的描述中可以总结出：应力场直接作用的结果是土体孔隙体积的改变，所以孔隙率发生变化，引起渗透系数的变化，因此可以建立应力与渗透系数的数学关系式，将孔隙率或者孔隙比与渗透率或渗透系数作为应力-渗流场耦合作用的纽带。

2.3.2 尾矿库内的渗流场对应力场的影响

我们一般使用渗透体积力和渗透压力来表示连续孔隙介质中渗流场的水载荷，但以前的研究往往会将其忽视，仅仅采用静水压力等形式来表示水的载荷，这种思路不利于理解渗流场对应力场的作用机理。

渗流对坝体稳定的影响主要通过渗流压力和渗流变形两方面：

（1）渗透压力。水在渗流过程中受到了尾矿颗粒的摩擦阻力而在渗透途径上损失了水头，与此同时尾矿颗粒也受到水沿渗流方向施加于尾矿颗粒的拖曳力，指在渗流方向上水对单位体积土的压力。渗透压力在数值上等于在渗流方向上损失的水头，它是体积力，其大小取决于渗透坡降。由于渗透压力的存在，降低了整体坝坡的稳定性，这是主要导致坝坡失稳的因素之一。

（2）渗透变形。在渗流的作用下尾矿体可能产生自身的变形和破坏的现象。渗流出口处的颗粒特征及其渗透压力的条件对坝体的安全有重要意义。在渗流场中产生渗透变形必须具备渗透压力能克服尾矿颗粒间的联系强度，尾矿体的内部结构及其边界有颗粒位移的通道和空间两个基本条件。渗流出口处的尾矿在非正常渗流情况下，能导致坝体流土、冲刷及管涌等多种形式的渗透破坏。渗透破坏可分为流土（或称流砂）、管涌、接触流失和接触冲刷4种形式。

渗流场对土体的作用有垂直入渗力和水平剪切力。

$$f_x = -\gamma_w \frac{\partial H}{\partial x} = \gamma_w J_x \tag{2-9}$$

$$f_y = -\gamma_w \frac{\partial H}{\partial y} = \gamma_w J_y \tag{2-10}$$

$$f = \sqrt{f_x^2 + f_y^2} \tag{2-11}$$

式中，f 为渗流体积力；f_x，f_y 分别为 x、y 方向的渗流体积力，$\mathrm{N/m^3}$；γ_w 为容重，$\mathrm{N/m^3}$；J_x，J_y 分别为 x、y 方向的渗透坡降。

渗流场通过改变尾矿库内连续介质的水荷载进而改变介质中的应力场分布。渗流场内渗流力的存在是导致渗透变形与破坏的主要因素。在有限元计算时，渗流场引起应力的表现是通过将体积力转化并作用在各个单元节点来实现的。其转换方式如下：

$$\{F_S\} = \int_{\Omega_e} [N]^{\mathrm{T}} \begin{Bmatrix} f_x \\ f_y \end{Bmatrix} \mathrm{d}x\mathrm{d}y \tag{2-12}$$

$$\{\Delta F_S\} = \int_{\Omega_e} [N]^{\mathrm{T}} \begin{Bmatrix} \Delta f_x \\ \Delta f_y \end{Bmatrix} \mathrm{d}x\mathrm{d}y \tag{2-13}$$

式中，$\{F_S\}$ 为渗流体积力作用在单元节点上等效力，$\mathrm{N/cm^3}$；$\{\Delta F_S\}$ 为渗流体

积力变化而引起作用在单元节点上等效力变化的量值，N/cm^3；$[N]$ 为单元的形函数。

2.3.3 尾矿库内的应力-渗流耦合模型

国内外坝体失稳破坏问题常常涉及应力-渗流两场的耦合作用，在岩土工程领域，两者耦合作用的研究较多。尾矿坝体的稳定性研究，类似于土体稳定的研究，所以对于尾矿库内的应力-渗流耦合问题的研究，本书建立在岩土工程领域成熟的理论基础上展开。

根据渗流理论与弹性理论，柳厚祥导出应力场与渗流场耦合的微分方程组：

$$
\begin{cases}
\dfrac{\partial}{\partial x}\left(K_x \dfrac{\partial H}{\partial x}\right) + \dfrac{\partial}{\partial z}\left(K_z \dfrac{\partial H}{\partial z}\right) + Q = S \dfrac{\partial H}{\partial t} \\[2mm]
v_x = -K_x \dfrac{\partial H}{\partial x} \\[2mm]
v_z = -K_z \dfrac{\partial H}{\partial z} \\[2mm]
K_x = -K_{0x}\exp(-\eta\sigma_x^e) \\[2mm]
K_z = -K_{0z}\exp(-\eta\sigma_z^e)
\end{cases}
\tag{2-14}
$$

式中，K_x，K_z 分别为 x、z 方向的渗透系数，cm/s；H，Q 分别为渗流水头和渗流场的源或汇；σ_x^e，σ_z^e 分别为 x、z 方向的有效应力，N；η，S 分别为试验系数和给水度。

或者使用式（2-15）~式（2-17）形式表示：

$$
[K]\{\delta\} = \{F\} + \{F_S\} + \{F'\}
\tag{2-15}
$$

$$
[F']\{H\} = [A]
\tag{2-16}
$$

$$
K = K'\left\{\frac{n(1-n_0)}{n_0(1-n)}\right\}^3 \ 或 \ K = K(\sigma_{ij})
\tag{2-17}
$$

式中，$[K]$ 为整体刚度矩阵；K，K' 分别为孔隙比为 n、n_0 时对应的渗透系数，cm/s；$\{\delta\}$ 为位移列阵；$\{F\}$，$\{F_S\}$，$\{F'\}$ 分别为外部载荷列阵、渗流体积力产生的等效载荷列阵、土体的湿化作用产生的等效节点载荷，N/cm^2。

渗流场与应力场在有限元分析软件中主要的耦合过程与计算步骤如下：通过初始条件以及定解条件求出初始的应力场与位移场列阵；由渗透系数，通过渗流场的有限元计算方程，求解出水头分布情况，并求解渗流作用下由渗流体积力和土体湿化而产生的等效节点载荷；并将两者的增量列阵代入总体平衡方程求解得到位移的增量，通过对应几何方程和物理方程可求得应力的增量和体积应变场的分布，从而得到应力与应变场；再通过应力常态与渗透系数关系式（2-17），可得到新的渗透系数。以上步骤迭替进行，直至满足精度要求并求得结果。

从耦合方程组中可以看出，应力场改变着渗流场的渗透系数，并影响着渗流速度，两者存在相互作用、相互影响的关系，其中核心的部分体现在式（2-17）渗透系数与孔隙率之间的关系式上，两者的关系决定着耦合计算的迭替进行。

2.4 化学作用下的耦合机制

2.4.1 尾矿库中化学作用示例说明

尾矿废水中含有复杂的化学离子成分，矿石、残存的选矿药剂、不断进行的氧化还原，渗流场伴随着大量金属离子的迁移。常见的主要污染物有：氰化物、硫化物、氯化物、表面活性剂、松醇油、絮凝剂等及固体悬浮物；废水与空气、矿物等长时间接触的过程中，会相互作用形成二次产物，也会受到酸雨等自然因素的影响。随着尾矿库内的化学离子种类的增多，其作用机理也会越来越复杂。

不同的矿物成分与化学离子交互作用是十分复杂的，作为复杂的人造系统，尾矿库内不同空间、时间化学反应也不同。尾矿的化学离子作用类型主要包括溶解与沉淀作用、吸附与离子交换作用、氧化还原作用以及水解等作用，每一种反应需要的时间是不同的，从快到慢分别是离子络合与交换作用、吸附作用、水解、溶解与沉淀、矿物结晶。

一些尾矿库由于环境和本身矿物性质等原因，如：世界上大多数有色金属矿、铁矿、煤矿都含有硫或者共生硫化物，硫化物经过风化、分解、氧化等变化很容易产生酸性溶液，而铅锌矿的矿水一般呈现碱性。本书先以硫化物为主的黄铁矿和磁黄铁矿为例进行简单介绍。其中，氧化剂主要是指 Fe^{3+} 和 O_2。初始反应从只有 O_2 作为氧化剂开始的，将硫化物作为氧化对象：

$$2FeS_2 + 7O_2 + 2H_2O \longrightarrow 2FeSO_4 + 2H_2SO_4$$

$$2FeS + (4-x)O_2 + 2xH_2O \longrightarrow 2Fe^{2+} + 2SO_4^{2-} + 4xH^+$$

Fe^{2+} 易被氧化：

$$4Fe^{2+} + O_2 + 4H^+ \longrightarrow 4Fe^{3+} + 2H_2O$$

此时，氧化剂增加为两种，Fe^{3+} 与 O_2，但 Fe^{3+} 对硫化物的氧化速率比 O_2 高 10 倍。氧化反应继续：

$$FeS_2 + 14Fe^{3+} + 8H_2O \longrightarrow 15Fe^{2+} + 2SO_4^{2-} + 16H^+$$

$$FeS + (8-2x)Fe^{3+} + 4H_2O \longrightarrow (9-2x)Fe^{2+} + SO_4^{2-} + 8H^+$$

除了化学离子作用酸性液体发生溶蚀（溶解）行为，改变应力-渗流耦合的作用机制外，某些情况下也会发生结晶（沉淀）行为，出现化学淤堵等问题。

$$Fe^{3+} + 3H_2O \longrightarrow Fe(OH)_3\downarrow + 3H^+$$

武君在金堆城栗西尾矿坝淤堵现象的研究中，指出氢氧化铁以及其转化产物是淤堵物质的初始主要组成成分。通过 SEM 分析样品发现淤堵物质主要呈团簇状分布，采用 EDS 分析样品化学表面组成，表明铁和氧是淤堵物质含量最丰富的元素。结晶在多孔介质中长期沉淀，会造成渗透系数改变，同样可以改变下文耦合模型中渗透系数，严重甚至造成化学淤堵，导致浸润线升高。原因是发生的一系列的氧化还原反应，生成氢氧化铁等胶结物包裹在尾矿砂粒周围，渗透系数减小，渗透性能降低导致浸润线升高，给尾矿库安全带来隐患。

由此可以看出，在氧化还原反应的过程中，除了矿物中铁元素的相关离子参与反应，其中 H^+ 在反应进程中也起到了主导作用。所以考虑到尾矿库内离子众多，无法一一作为研究对象，本书主要取其起主导作用并且作用范围广、普遍适用于多类尾矿库的酸、碱两种化学因素来作为研究对象。

2.4.2　化学作用机制

对多场耦合模型分析研究发现，由于化学因素会对尾矿库内的渗透系数、孔隙比、颗粒的力学性质、颗粒间胶结物成分产生影响，从而对应力-渗流场耦合作用产生复杂的作用机制，总结如下：

（1）化学因素影响渗透系数。各种离子间的化学反应会导致化学淤堵和垂向入渗，使得沉积尾矿在水平和垂直的渗透系数差异很大，并且对液体的入渗起阻碍作用。现场观测也可以发现：尾矿水的排放或者降雨使浸润线的上涨速度滞后于库水位的上涨速度。

有学者通过采用较实际尾矿库内更强的酸性（pH=4）和碱性（pH=10）液体来进行试验研究，实验结果如图 2-1 所示，酸性溶液作用下，一段时间内渗透系数随之增高，碱性条件下达到稳定后渗透系数会逐步减小，蒸馏水作用下渗透系数随着时间趋于稳定。

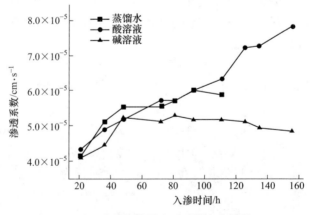

图 2-1　酸碱条件下渗透系数变化情况

（2）化学因素影响尾矿的化学成分及物理力学参数。例如部分尾矿库的化学成分主要为 Fe_2O_3、SiO_2、MgO、CaO 和 TiO_2 等，其中阴离子和阳离子对尾矿砂的抗剪强度存在一定影响，水化学溶液也会使矿物成分发生改变，从而改变土体的性状。陈四利等利用了 CT 识别技术将化学腐蚀下的砂岩进行了三轴加载全过程的及时扫描，探究了化学液体对砂岩强度的腐蚀影响；李宁等针对钙质胶结长石砂岩进行了室内不同 pH 值溶液的模拟实验，提出了应用于酸性溶液的岩石化学损伤模型，并用实验进行了验证；张鹏等采用二维有限元分析了堤坝边坡的安全系数随污染物迁移程度变化情况，表明酸性污染物腐蚀使堤坝边坡安全系数减小明显，10 年间下降约 10%。图 2-2 为实验室内所测得的不同 pH 值下岩石强度与浸润时间的关系曲线。

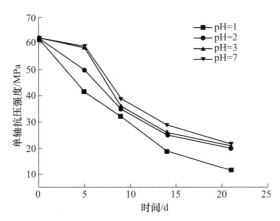

图 2-2　不同溶液中岩石强度与浸润时间的关系曲线

（3）化学因素影响颗粒间胶结强度。加固黏聚力是化学胶结作用形成的土体黏聚力之一。产生化学胶结作用的因素很多，比如某些尾矿料孔隙水中析出的氢氧化铝、氢氧化铁、碳酸钙和氧化硅等物质使土颗粒间产生胶结物质。同时，也存在水化学作用使胶结物质发生溶解，胶结强度降低。

以尾矿库中的酸离子为例，酸离子在尾矿料中主要起到溶蚀作用，通过改变孔隙率 n、孔隙比 e 影响上述耦合模型中的渗透系数 k，与此同时，酸在与固体颗粒反应的同时，颗粒及胶结物质强度会变化，加上渗流压力、速度的改变，应力场也会受到影响，耦合模型式（2-14）中的 σ_x^e、σ_z^e 发生改变。

2.5　本章小结

通过应力场与渗流场的数学模型以及两者的耦合模型，介绍其耦合机理，得到耦合的关键部分，其中渗透系数与孔隙率或者孔隙比的关系是耦合计算中最关键的纽带，也是本章的着手点与下文试验的重点研究内容。

通过一个案例的剖析，介绍了化学因素在尾矿库内经历的反应历程，更直观的表明：化学因素影响尾矿库内的渗透系数、颗粒的物理化学性状、颗粒间胶结物的强度等。下文的试验也会对此案例的分析进行试验验证，更直观地说明化学因素对尾矿库产生的影响。

在经典的渗流力学假设中，将土颗粒看成固体的骨架，也就是土体颗粒不会产生体积变化或者弹性变形，这样便会导致基于此假设的计算都将孔隙率与渗流系数看作固定不变的数值关系，但是经过上述分析可以看出，化学因素的存在使两者处在动态变化的过程中，所以其孔隙率与渗透系数的关系需要改进。

3 化学因素对尾矿性状影响研究

3.1 概　　述

目前国内针对尾矿坝的稳定性分析问题，在物理力学参数的选取上，常常只取其代表性的数值，并不考虑尾矿砂的物理化学性质随时间、空间的变化。而在实际生产过程中，尾矿的性质是处在动态变化的过程中的。本章节从微观角度出发，主要研究在化学因素的影响下，尾矿砂的物理、化学性质存在的变化，拟合并总结数学模型，为研究化学因素影响尾矿坝应力-渗流两场耦合做铺垫。

3.2 试验材料及相关分析

为了使研究更具针对性，本文研究的尾矿试样取自某尾矿库，取样期间该矿山有爆破作业进行，该尾矿库设计总库容为 4114.29 万立方米，设计有效库容为 3291.43 万立方米，设计年入库尾砂量为 837 万吨，设计总坝高为 114m，为二等库，总外坡比为 1：4。尾矿库现场调研发现，尾矿排放位置距离尾矿坝址较远，约 600m，尾矿排放后流入库内，在库内尾砂呈层状沉积，现象明显，现场取样点的分布情况如图 3-1 和图 3-2 所示。本次取样地点分别设置在尾矿排放口处

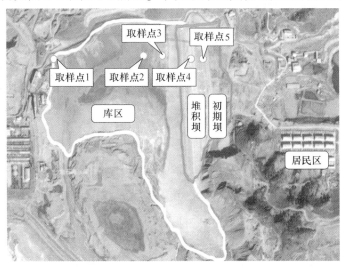

图 3-1　取样点的分布

图 3-2　取样现场

（a）尾矿库尾矿排放口处；（b）干滩长度 100m 处；

（c）干滩长度 50m 处；（d）尾矿库内尾矿层状沉积现象

（取样点 1）、干滩长度 50m 处（取样点 2）、干滩长度 100m 处（取样点 3）、尾矿坝顶处（取样点 4）以及尾矿堆积坝脚处（取样点 5），获取 5 处具有研究意义的关键位置的尾矿试样进行试验分析，并获取排矿口尾矿沉积表层黏性尾矿土进行简单对比分析。

3.2.1　试验材料

取样过程中发现，尾矿坝体部分所获取的尾矿试样粒径明显较大，干滩上随着干滩长度变化粒径也随着变化，并且同一取样点存在严重的分层现象，层与层之间颗粒粒径大小差异明显，黏土细粒尾矿与粗颗粒尾矿存在交差层叠现象，由此可以推断尾矿库内垂向渗透系数与纵向渗透系数存在较明显的差异性，随着深度的增加，垂向渗透系数会不断变化。这为后续的数值模拟章节中垂向与纵向渗透系数在各向异性的设置提供实际依据。

尾矿库内尾矿的表观性质随空间变化差异明显，对不同取样部位的尾矿进行化学试验分析时，实验结果也会受到影响，为了选取合适并具有代表性的尾矿进行化学以及渗流试验分析，分别取一定量的尾矿试样进行粒径级配的简单分析，以此作为依据确定选用哪一取样点的试样进行下一步试验。

3.2.2 试样粒径级配分析

针对不同尾矿试样，本研究采用如图 3-3 所示的 LMS-30 激光粒度分布测定仪测定其粒径级配分布情况，其测定的粒度范围为 0.1~1000μm，可以测定非金属矿粉，该实验的方法是激光衍射与散射法，它有不因矿物受潮、含水，颗粒静电结块的影响等优点，并且可测的粒径分布范围广，采集数据点比传统方法要密，测量的精度要高于传统方法。

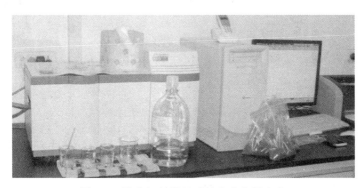

图 3-3 激光衍射散射式粒度分布测定仪

本次试验将取样点 1、2、4 以及黏土状尾矿夹层这四处具有代表性的尾矿分别进行粒径级配分析，获取结果如图 3-4 所示。

土的不均匀系数是反映组成土的颗粒均匀程度的一个指标，用 C_u 表示：

$$C_u = \frac{d_{60}}{d_{10}} \tag{3-1}$$

式中，d_{10} 为质量占 10% 的粒径；d_{60} 为质量占 60% 的粒径。土的曲率系数是反映土的粒径级配累计曲线的斜率是否连续的指标系数，用 C_c 表示：

$$C_c = \frac{d_{30}^2}{d_{10}d_{60}} \tag{3-2}$$

式中，d_{30} 为质量占 30% 的粒径。

现场各取样点的颗粒试验数据如表 3-1 所示。

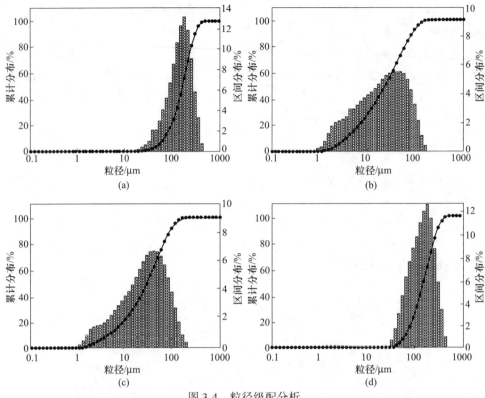

图 3-4　粒径级配分析

（a）坝顶尾矿试样的粒径级配分析情况；（b）排放口尾矿粒径级配分布情况；

（c）黏土层尾矿粒径级配分布情况；（d）干滩 50m 处尾矿粒径级配分布情况

表 3-1　颗粒试验数据

试样种类	$d_{10}/\mu m$	$d_{30}/\mu m$	$d_{60}/\mu m$	C_u	C_c
坝顶尾矿试样	76.82	128.07	202.01	2.63	1.06
排放口尾矿试样	3.58	10.51	30.13	8.42	1.02
黏土层尾矿试样	5.63	13.98	38.86	6.90	0.89
干滩 50m 处尾矿试样	70.11	108.01	180.07	2.56	0.92

　　不同位置尾矿粒径的分布差异比较明显，坝顶、干滩 50m 处的尾矿粒径相对较大，而排放口尾矿以及黏土层的尾矿粒径级配分布比较均匀。$C_u \geqslant 5$，$1 \leqslant C_c \leqslant 3$ 土样为级配良好，通过对四处取样点的粒径级配情况进行分析，排放口处的尾矿属于级配良好，这有利于渗流试验的进行；而排放口尾矿排放后暴露时间不长，与空气、水环境发生的复杂化学变化的时间较短，用其进行化学因素影响下尾矿粒径分布变化分析时会获得较明显的实验结果，所以选取排放口处的尾矿作为化学因素影响分析试验的对象。

3.2.3 化学因素影响下尾矿沉降初步分析

本次试验采用排放口处（取样点1）的尾矿试样进行试验，尾矿库内的化学因素作用时间是持续不间断的，但室内模拟试验会受试验时间的限制，无法模拟长时间的化学作用，为了获得相近的试验结果、缩短试验时间，本次试验配置 pH = 3、pH = 7（蒸馏水）、pH = 11 的溶液，在室温 30℃ 的环境下进行，旨在说明化学因素影响下尾矿的物理性状变化情况。

本书选用如图 3-5 所示的标准浓度 $c(\text{HCL})$ = 0.5002mol/L 的溶液配制 pH = 3 的酸性化学溶液（注：本试验考虑到尾矿化学成分中存在 Ca、Al、Fe、Mg 等元素，选用硫酸试剂模拟酸环境会导致 SO_4^{2-} 与 Ca^{2+}、Al^{3+}、Fe^{3+}、Mg^{2+} 等元素生成沉淀物，影响酸离子的作用效果）。pH = 11 的碱性溶液选用质量分数为 25% 的 NaOH 溶液进行配制。pH = 7 的溶液选用蒸馏水，试剂温度均为 25℃。

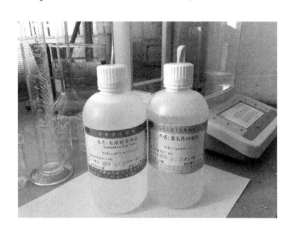

图 3-5　试验选取酸、碱试剂

试验分为三组，每组为两份相同试样，如图 3-6 和图 3-7 所示，组间进行对比，得出不同试剂下尾矿试样的化学反应情况，每组两份试样进行对比，避免出

图 3-6　尾矿试样浸泡于蒸馏水、酸、碱试剂中（浸泡时间 t = 2min）

现试验结果特殊的情况。其中，尾矿试样称量 250.0g，溶液配制 300mL 进行混合。试样 1、2 作为对照组，试样 3、4 为酸溶液与尾矿作用组，试样 5、6 为碱溶液与尾矿作用组。

图 3-7　尾矿试样浸泡于蒸馏水、酸、碱试剂中（浸泡时间 $t = 900$min）

将试样静置，反应进行 900min 后，从图 3-7 可以看出，蒸馏水与酸试验组上清液颜色相近，而碱溶液上清液较为浑浊（此六组试样浸泡时间达到 40 天后，进行粒径级配分析，对比分析酸、碱条件对尾矿粒径级配的影响情况）。

图 3-6 中六组试样的沉降试验主要判别几组试样的沉降时间，发现在条件不同的情况下，除了上清液浑浊程度不一样外，尾矿的沉降时间也不一致，酸的沉降时间明显要长一些，碱和蒸馏水的沉降时间相近。

为了观察到此过程中明显的反应现象，特设置试验在烧杯中进行并将反应过程通过拍照放大进行观察。分别取 40g 尾矿试样，加入 60mL 盐酸、氢氧化钠配制的溶液，并与蒸馏水浸泡的尾矿试样进行对比，试验结果如图 3-8 和图 3-9 所示。

图 3-8　酸、蒸馏水、碱试剂与尾矿反应表征现象

试验开始时发现酸溶液与尾矿试样反应产生细小气泡溢出溶液，反应 60s 后，酸溶液中细粒尾矿的沉积层厚度较大，尾矿颗粒间孔隙较其他两者稍大；而碱溶液与其他两者相比溶液更为浑浊；尾矿试样与化学试剂混合后静置 240min 后，观察沉积现象如图 3-9 所示，与蒸馏水对照组相比，酸溶液中沉积的粗颗粒尾矿厚度较薄，碱溶液中粗颗粒尾矿厚度较大。

初步判断：酸溶液与尾矿试样反应生成气体，溢出液面，使尾矿沉积速度较慢；蒸馏水与碱溶液沉积速度相近，但碱溶液颜色更深，分析得出其主要原因为氢氧根离子与尾矿中某些金属离子反应生成悬浊液，吸附细微颗粒且不易溶于水，使沉淀层的上部液体颜色加深。

图 3-9 酸、蒸馏水、碱试剂与尾矿反应后沉积现象

通过试验发现所选的强酸、碱试剂作用会使尾矿产生明显的反应，而在实际生产中，化学作用时间会无限延长，反应进程不会中断，化学环境长时间对尾矿颗粒的溶蚀或者生成结晶物等现象值得进一步研究，所以尾矿库稳定性中不能简单地忽视尾矿库内化学反应的作用，特别是某些易氧化并产生酸性或者碱性溶液的尾矿库。

特别地，酸溶液的溶蚀作用使颗粒表面黏结的细微黏粒脱离并进入溶液中，最终沉积在上部，厚度明显比另外两组大，这部分细颗粒很容易在渗流过程中被液体携带流失，造成颗粒间胶结物质减少，孔隙变大，对渗流场产生影响。同时尾矿颗粒间的黏土细颗粒减少导致了土体黏聚力降低，致使尾矿的力学性能发生改变。

3.3 化学因素对尾矿的基本性状的影响

将沉降试验的试样通过 40 天浸泡后，分别取少部分试样倒入玻璃培养皿内，获得酸、蒸馏水、碱试剂浸泡的试样，烘干并进行分析。从试样外观可以看出酸与蒸馏水的试样颜色相近，而碱性溶液的试样颜色更深，从图 3-10 中可以获得相同的结论。

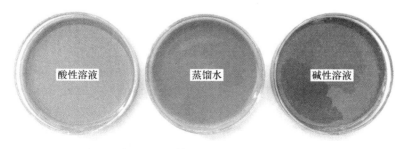

图 3-10 试剂浸泡尾矿试样颜色对比

本节将从尾矿的微观形貌、物相成分、物相成分占比、粒径级配分布四方面进行对比分析，针对化学因素下尾矿性状发生的变化进行定性、定量的验证分析。

通过酸、碱试剂的充分浸泡，制得尾矿试样；通过北京科技大学国家重点实验室 X 射线衍射分析（XRD）仪器对尾矿试样的物相进行分析，并进行外观形貌以及成分分析；通过北京科技大学测试中心扫描电镜分析（FE-SEM）与能谱分析（EDX）仪器对尾矿试样进行微观形貌的研究，并确定其微观结构的成分组成以及元素含量占比；并对尾矿试样进行 LMS-30 激光粒度分布测定分析，获得粒径级配变化情况。

3.3.1　尾矿物相的对比分析

材料组成和结构的变化会导致材料性能的改变。针对研究对象在不同化学环境下的变化情况，进行物相定性和定量分析是重要途径之一。

充分浸泡的尾矿试样在烘干机（105℃条件下）内进行烘干，使用型号为 XPMϕ120×3 三头研磨片机（见图 3-11）在 220r/min 转速下进行研磨，制成标准 200~300 目粉末状试样，称取 2g 试样，利用北京科技大学国家重点实验室 TTR Ⅲ多功能 X 射线衍射仪（见图 3-12）进行物相鉴定及定量分析。

图 3-11　XPMϕ120×3 三头研磨片机　　　　图 3-12　TTRⅢ多功能 X 射线衍射仪

测试时将试样水平静置，测角仪半径为 285mm，利用联动和单动进行控制，测量角度选取 10°~90°。将获取的扫描数据，使用 MDI JADE6 进行物相分析。

任何一种物相都有其特殊的衍射谱，任何两种物相的衍射谱不可能完全相同并且多相样品的衍射峰是各物相的衍射谱机械叠加而成的。三种试样（蒸馏水、酸、碱浸泡的尾矿）获取的图谱如图 3-13 和图 3-14 所示。从三种试样的图谱可以看出，酸性试样的峰值数目明显少于其他两组试样。

水厂铁矿的铁矿石中铁含量约为 32.27%，SiO_2 为 56.5%，其他成分为 K_2O、

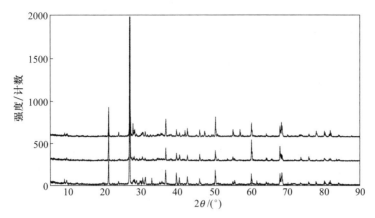

图 3-13 三种试样 XRD 分析图谱

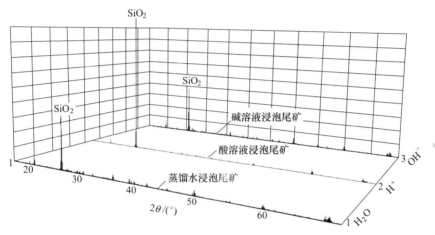

图 3-14 XRD 分析 SiO_2 峰值对比

Na_2O、Al_2O_3 等含氧化合物。物相成分分析过程中发现，其尾矿试样中存在的化合物主要为 SiO_2，以及含有 Fe、Al、Ca、Mg 等元素的氧化物及氢氧化物等。SiO_2 作为主要成分不与弱酸弱碱反应，其峰的强度以及积分面积可以反映其在试样中所占的比重，经过酸碱试剂浸泡的试样在 SiO_2 含量上的差别，可以反映其他金属元素（Fe、Al、Ca、Mg 等的总和数值）在试样中的占比，以此可以推断其他元素的流失与物质生成情况。因此，通过获取主要物质 SiO_2 的寻峰报告可以判断其他物相占比情况，其主要数据如表 3-2 所示。

表 3-2 中数据显示，酸性溶液峰高最高，积分强度最大，对应 SiO_2 的含量最高，并且总峰数比其他两组试样少很多，说明物质种类相对较少，在溶液浸泡过程中，随着细小颗粒的流失，其他的金属化合物也伴随着流失，导致 SiO_2 占比增加，总的物质数量减少。而碱溶液的总峰数与蒸馏水对照组相近，但是 SiO_2

峰高与积分强度较低，说明此过程中生成的物质使 SiO_2 占比减小，峰值数目没有明显增加，生成的物质主要为原试样已存在的化合物成分。

表 3-2　SiO_2 寻峰数据

试样种类	总峰数	SiO_2 峰位角度 /(°)	SiO_2 峰高	SiO_2 峰面积 /积分强度	$I/\%$	半高宽
蒸馏水浸泡尾矿试样	32	26.801	1903	17093	100	0.153
碱溶液浸泡尾矿试样	31	26.859	1533	11602	100	0.129
酸溶液浸泡尾矿试样	22	26.881	5305	37130	100	0.119

通过 XRD 分析，可以得出物相成分上定量的差距，虽然扫描的试样在取样过程中并不能完全具有代表性，但从总的物相含量以及相对占比所得出的结论可以看出：酸溶液会使尾矿内的元素流失，碱溶液与尾矿反应生成的物质使 SiO_2 占比降低，其生成的物相形貌下文将通过电镜扫描进行分析。

3.3.2　尾矿微观形貌影响的对比分析

本试验采用蔡司 ZEISS EVO18 材料分析扫描电子显微镜（见图 3-15），并配合布鲁克 Quantax 电制冷能谱仪（EDX），两者相结合可以实现试样微观形貌的分析，其放大倍率的误差小于 0.5%，并且可以进行试样不同部位的能谱分析。

浸泡后的尾矿试样在烘干机内进行烘干后通过碳胶带与铝制薄板粘合制成扫描电镜试样，并进行喷金处理，试样放入真空扫描装置，通过操作电镜键盘对试样进行拍照与分析，如图 3-16 所示。

图 3-15　材料分析扫描电子显微镜

图 3-16　中性、酸、碱试样

扫描结果显示，相同放大倍率下，观察到的微观形貌存在较明显的差异，观测的试样分别为蒸馏水浸泡的尾矿试样、酸溶液浸泡的尾矿试样、碱溶液浸泡的尾矿试样，试验选用 20×、50×、300× 三种放大倍率进行观测分析，如图 3-17 所示。

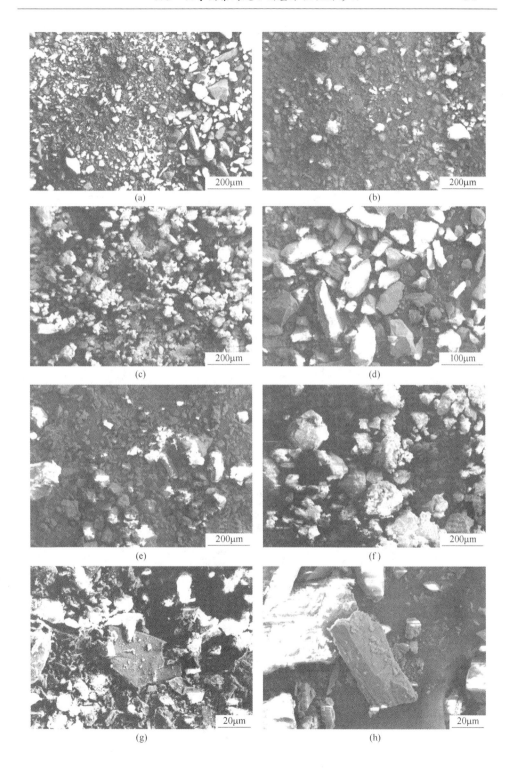

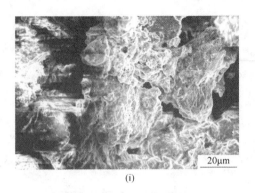

(i)

图 3-17　溶液浸泡试样的 FE-SEM 图

（a）蒸馏水浸泡试样 20× 的 FE-SEM 图；（b）酸溶液浸泡试样 20× 的 FE-SEM 图；
（c）碱溶液浸泡试样 20× 的 FE-SEM 图；（d）蒸馏水浸泡试样 50× 的 FE-SEM 图；
（e）酸溶液浸泡试样 50× 的 FE-SEM 图；（f）碱溶液浸泡试样 50× 的 FE-SEM 图；
（g）蒸馏水浸泡试样 300× 的 FE-SEM 图；（h）酸溶液浸泡试样 300× 的 FE-SEM 图；
（i）碱溶液浸泡试样 300× 的 FE-SEM 图

　　从 FE-SEM 图像中可以看出，相同放大倍数下，蒸馏水浸泡的尾矿试样固体颗粒普遍较大，颗粒由大到小平稳过渡，颗粒间不存在黏聚现象；而酸性条件下的尾矿试样的粒径大小与蒸馏水浸泡的尾矿试样相近，但颗粒的粒径大小相差较为明显，颗粒棱角不明显；碱性条件下的尾矿试样的形貌与前两者差距较明显，存在明显的黏聚现象，可以看出生成胶结物质使尾矿颗粒胶结在一起，成絮团状，颗粒个体较大并无明显棱角。

　　使用放大倍率为 300× 对生成胶结物进行观测（见图 3-18），并对三种试样的能谱进行分析与对比，可得出胶结物质的元素成分（见图 3-19）。

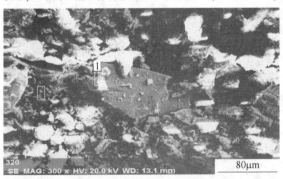

图 3-18　中性试样颗粒能谱分析位置

　　从能谱分析中可以看出，蒸馏水浸泡下的尾矿试样的元素组成以及占比与尾矿库试样未进行浸泡时的数值是接近的，主要元素为硅、铁、钙、镁、铝，其中硅元素占比最大（见表 3-3）。

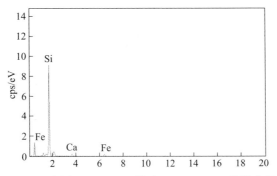

图 3-19 高压 (20.0kV) 脉冲 (1.69kcps) 能谱分析

表 3-3 能谱中元素占比信息 (中性)

元素	相对原子质量	X 射线线型	非归一化质量分数/%	归一化质量分数/%	原子分数/%	误差（质量分数）/%
Si	14	K-series	31.97	80.64	85.53	1.40
Fe	26	K-series	3.85	9.71	5.18	0.16
Ca	20	K-series	1.97	4.96	3.69	0.10
Mg	12	K-series	1.17	2.96	3.63	0.10
Al	13	K-series	0.69	1.73	1.92	0.07

　　针对酸性试剂浸泡的尾矿试样，选取具有代表性的固体颗粒分析其主要成分，分析结果显示，酸性浸泡过的尾矿试样在元素组成上与中性浸泡过的尾矿试样相似，在占比上，硅元素的相对含量基本不变，而铝等金属元素的含量相对较少。

　　碱性试剂浸泡的尾矿试样生成的胶结物作为主要分析的对象，分析结果如图 3-20 和图 3-21 所示。

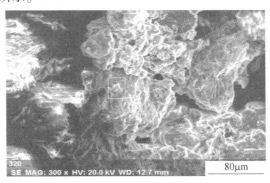

图 3-20 碱性试样胶结物能谱分析位置

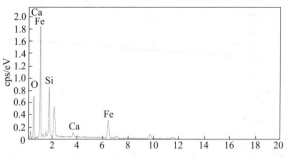

图 3-21　高压（20.0kV）脉冲（0.97kcps）能谱分析图

表 3-4 可以看出，胶结物主要元素组成为铁与氧，铁矿经过选矿厂选矿后，铁的化合物占比会减小，铝、镁、钙的化合物占比随之增加，但在胶结物质的能谱分析中，铁元素的占比相对较高，胶结物质主要为铁的氧化物及氢氧化物。胶结物质存在尾矿颗粒之间，孔隙小至几微米，对液体的渗流将会产生阻碍作用。

表 3-4　能谱中元素占比信息（碱性）

元素	相对原子质量	X 射线线型	非归一化质量分数/%	归一化质量分数/%	原子分数/%	误差（质量分数）/%
O	8	K-series	10.09	45.31	68.83	1.74
Fe	26	K-series	7.83	35.16	15.30	0.28
Si	14	K-series	3.46	15.53	13.44	0.19
Ca	20	K-series	0.89	4.00	2.43	0.07

从能谱分析中可以看出，尾矿试样的固体颗粒主要元素组成为硅元素，其次还有铁元素、钙元素、镁元素；三种试样的元素组成变化不大，在含量占比上，酸性试剂浸泡的尾矿试样，金属元素的占比相对减少，金属化合物产生流失；碱性试剂浸泡的尾矿试样的胶结物质主要为铁元素的化合物，为多孔隙的微观结构，存在固体颗粒间，对渗流会产生阻碍作用。

3.3.3　化学因素对尾矿粒径级配的影响

上文沉降试验的尾矿试样在 40 天化学试剂的浸泡期间将上清液过滤并置换成新配置酸碱溶液（间隔期为 5 天），因为在实际尾矿库中，库内液体是进行流动的，试验中置换液体可以避免化学试剂与试样反应后减弱作用效果，并模拟液体的流动带走细微小颗粒这一客观因素（只有悬浮在上清液中很少的一部分细微颗粒）。

将浸泡的尾矿试样进行风干，采用 LMS-30 激光粒度分布测定仪测定酸、碱以及蒸馏水溶液浸泡下的尾矿试样的粒径级配分布情况，其测定粒度范围为 0.1～1000μm。

三种溶液浸泡下的尾矿试样粒径级配分布情况如图 3-22 所示。

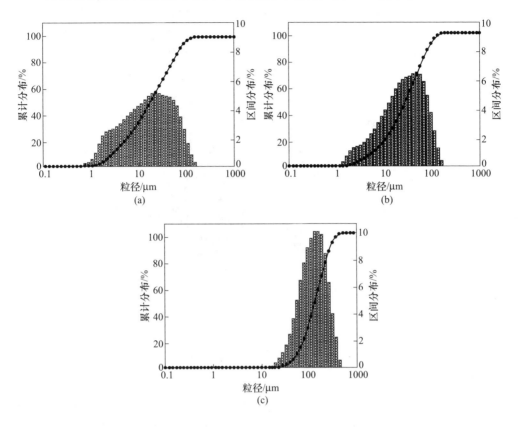

图 3-22 溶液浸泡下的尾矿试样粒径级配分布
（a）中性条件下；（b）酸性条件下；（c）碱性条件下

试样的颗粒粒径分析数据如表 3-5 所示。

表 3-5 颗粒粒径分析数据

试样种类	$d_{10}/\mu m$	$d_{30}/\mu m$	$d_{60}/\mu m$	C_u	C_c
蒸馏水试样	3.02	8.39	27.64	9.15	0.84
酸性试样	5.03	13.98	38.86	7.72	0.31
碱性试样	54.64	91.09	151.86	2.78	1.0

当 $C_u \geq 5$，$1 \leq C_c \leq 3$，土样为级配良好，三组排放口取样的尾矿浸泡前都为级配良好的试样，经过酸、碱浸泡的尾矿试样通过粒径分析试验结果表明试样均变为级配不良。

从图 3-23 可以发现酸性溶液试样中细微颗粒的占比减小，原因是在 40 天的浸泡过程中，存在细微颗粒溶蚀严重的可能性，期间定期将上清液置换为新配置的酸性或者碱性液体时，细微颗粒流失；在碱性液体浸泡的尾矿试样中，尾矿试样的大颗粒占比较大，这与浸泡过程中胶结物质的生成造成颗粒间黏结有关，这些现象在电镜扫描和物相分析试验中都有体现，在粒径级配分析的试验中得到了印证。

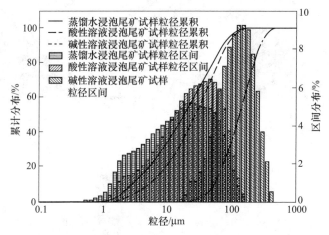

图 3-23　溶液浸泡下的尾矿试样粒径级配分布对比

3.4　本章小结

本章介绍了试样地点选取以及依据，通过粒径级配分析以及现场观察选取试样进行室内试验，通过将尾矿试样浸泡在不同 pH 值试剂中，观察化学因素对尾矿沉降影响的表观现象并进行对比分析。

通过实验室内 X 射线衍射（XRD）试验对尾矿试样的物相情况进行分析，获取不同试剂浸泡下的尾矿试样在物相组成以及成分占比上的差异。

将尾矿试样进行扫描电镜分析（FE-SEM）与能谱分析（EDX），通过微观形貌的研究确定其微观结构的成分组成以及元素含量占比情况，进一步验证化学因素对尾矿试样产生不可忽视的影响。

同时，采用 LMS-30 激光粒度分布测定仪测定化学因素影响下尾矿试样的粒径级配分布情况，并进行对比分析。

本章通过四项主要室内试验获得化学因素影响下尾矿试样的表观、微观的变化情况，分析得到：在偏酸性的环境中，尾矿试样颗粒间的微小物质会流失，表现在粒径级配和物相的组成、占比发生变化；在偏碱性的环境中，尾矿试样会出现颗粒黏结的现象，通过微观分析发现，尾矿颗粒间生成胶结物质，其物质组成主要为含铁化合物，整体粒径较大，致使颗粒个体间孔隙变小。

4 化学因素影响下孔隙比与
渗透系数相关性的试验研究

4.1 概　　述

尾矿坝是指在矿产资源开发利用中将目前技术经济条件下难以进一步选别的固体废弃材料有序堆存的坝体，是一个体量大、势能高的重大危险源，一旦发生溃坝，将对下游的人员造成惨重伤害以及难以修复的生态破坏。尾矿坝稳定性影响因素众多，如坝体本身结构、堆积坝的尾矿特性和渗透性、地震液化以及暴雨漫顶等。其中尾矿砂的渗透性是影响尾矿坝稳定性的关键性因素，尾矿砂的渗透性好坏直接影响尾矿库浸润线高低变化，进而影响坝体的稳定性。影响砂土的渗透性因素很多，比如砂土的孔隙比、砂土颗粒的结合水膜、流体介质的性质等，孔隙比和流体介质是其中的两个主要影响因素。由于金属矿山特别是金属硫化物矿山，经过选别后产出的尾矿中硫化物成分如黄铁矿、磁黄铁矿、黄铜矿、闪锌矿在表生条件下与氧气反应产生高浓度酸性水，而铅锌矿尾矿废水大多呈现碱性，在这些化学条件下尾矿砂的孔隙结构容易发生变化，进而影响尾矿的渗透性。因此，研究不同化学条件下孔隙比与尾矿砂的渗透性关系对尾矿坝的安全维护与稳定性分析具有重要意义。

经过第 2 章应力-渗流耦合机制的分析得出：由于应力场作用孔隙比发生变化，进而引起渗透系数的改变，可以建立孔隙比与渗透系数之间的固定数学模型，以此作为计算应力-渗流耦合作用的纽带；第 3 章得出化学因素对尾矿试样存在较明显的微观影响机制。本章为了探究化学对应力-渗流耦合的影响机制，建立不同孔隙比与渗透系数之间的关系，并加入化学因素进行试验，最终得到不同孔隙比下化学因素对渗透系数的影响，并得到此种情形下影响程度的定量描述，实现化学因素对应力-渗流耦合影响的研究目的，并运用到后面章节的数值模拟计算中。

本章渗流试验选用可以测试黏质土在变水头作用下的渗透系数的实验仪器，因为制作不同孔隙比的试样时，在孔隙比波动范围内会出现渗透系数很小的试样，并且尾矿砂内也存在少量黏质土，此时砂质土常水头渗透试验仪器将不再适用此试验，因此选用 TST-55 型变水头渗透仪。

4.2 渗透性相关参数的测定

渗透系数是用来表征研究对象能被水透过能力的大小，渗透试验是获取渗透系数的有效途径之一，目前许多学者对渗透系数与孔隙比、固结压力等因素建立了有效联系，但由于土体的应力状态、受扰动程度以及试样的选取并不统一，导致很难获得具有代表性的统一结论。本章为了研究化学因素对渗透系数的影响，选取相同试样在不同条件下测得尾矿试样的渗透系数，获得更能代表自身情况的数学关系。

已知尾矿试样的含水率和密度，可以通过计算推导出尾矿土的其他主要物理性质指标。通过室内试验精确测定尾矿试样的含水率与密度，基于测试数据制备不同孔隙比的尾矿试样。

4.2.1 尾矿试样含水率试验

将获取的尾矿试样取 50g 放入铝盒并盖好盖子称重，记下盒子加湿土的质量，精确至 0.0001g（见图 4-1）。将盒子打开放入烘箱内，烘箱温度设置为105℃（见图 4-2），烘干 8h 至恒重，冷却至室温后进行称重。

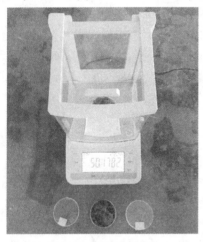
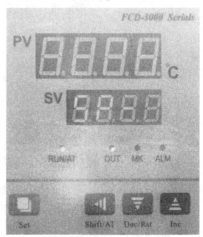

图 4-1 称取尾矿试样   图 4-2 烘干箱温度设置

含水率 w 计算公式如下：

$$w = \frac{(m_0 + m) - (m_0 + m_s)}{(m_0 + m_s) - m_0} \times 100\% \qquad (4\text{-}1)$$

式中，$m_0 + m$ 为铝盒加上湿土样的质量，g；$m_0 + m_s$ 为烘干后铝盒加干土的质量，g。

表4-1为测量含水率所需数据。

表 4-1 测量含水率所需数据

试样编号	盒加湿土的质量/g	盒加干土的质量/g	盒质量/g	水质量/g	干土质量/g	含水率/%
试样 1	69.1958	64.6737	19.0484	4.5221	50.1474	9.02
试样 2	70.5274	65.6771	20.3501	4.8503	50.1773	9.67
试样 3	71.5856	66.6465	21.3851	4.9391	50.2005	9.84
试样 4	73.0309	68.3324	22.8139	4.6985	50.2170	9.36
试样 5	70.2332	65.0025	20.0065	5.2307	50.33635	10.39

取平均含水率 $w=9.93\%$，本数值将用于4.2.3小节中不同孔隙比试样配制的计算（注：本章节选取尾矿试样是从第3章取样点选取的排放口处的尾矿试样，在运输和储存过程中虽进行密封处理，但测得的数据与实际现场数据仍存在差异，但是基于重制土试样的一系列试验都是在此试样上进行的，所以此数据将用于此后的一系列计算，在控制这一变量相同情况下，进行化学因素影响下各参数的对比总结）。

4.2.2 尾矿试样相对密度分析试验

将试样进行筛选，获得烘干土样10g（见图4-3），放入50mL的比重瓶中，盖上盖子，称重精确到0.001g；在比重瓶中加入二分之一的蒸馏水，摇动后煮沸，时间控制在30min以上，瓶盖取下并冷却至室温；加蒸馏水至刻度值处，称量干净的比重瓶、水、试样的质量，精确至0.001g（见图4-4），去掉瓶盖，测量其温度。

图 4-3 烘干后的尾矿试样

图 4-4 称取尾矿试样

相对密度 G_s 计算公式：

$$G_s = \frac{m_1 - m_2}{(m_1 - m_2) + (m_3 - m_4)} G_t \qquad (4-2)$$

式中，m_1 是瓶加干土的质量，g；m_2 为瓶的质量，g；m_3 为瓶加满水在 $t℃$ 的质量，g；m_4 为瓶加水加土的质量，g；G_t 是 $t℃$ 纯水的密度，g/cm^3。试验测试温度为 30℃，查表得到水的密度为 0.9959g/cm^3，代入计算公式（4-2）求得相对密度。

表 4-2 为测量相对密度所需数据。

表 4-2　测量相对密度所需数据

试样编号	温度/℃	干土的质量/g	瓶加液体的质量/g	瓶加液体加干土质量/g	与干土同体积的液体质量/g	相对密度
试样 1	30	10.0099	82.7719	89.1869	3.5949	2.773
试样 2	30	10.0032	82.8103	89.0101	3.8034	2.619
试样 3	30	10.0042	82.5974	88.8224	3.7792	2.636
试样 4	30	10.0053	82.8926	89.2526	3.6453	2.733
试样 5	30	10.0078	82.9307	89.0703	3.8682	2.577

取相对密度计算的平均值，本数值也将用于不同孔隙比试样配制的计算（注：与含水率相同，此数据将用于此后进行的一系列计算，在控制这一变量相同，相对密度与含水率已知的情况下，配制不同孔隙比的试样，进行化学因素影响下各个参数的对比总结）。

4.2.3　不同孔隙比尾矿试样的制取

根据试样的相对密度、含水率参数，可以通过计算获得重塑土样的孔隙比，以此来制作渗透试验所需不同孔隙比的试样。

孔隙比 e_0 计算公式如下：

$$e_0 = \frac{G_s \rho (1 + w) V}{m} - 1 \qquad (4-3)$$

式中，V 为试样体积，cm^3；m 为试样质量，g；w 为含水率；G_s 为相对密度。

根据选用的 TST-55 型渗透仪，其中仪器内试样体积即为环刀的体积，则根据仪器参数计算试样 $V = \pi \times \left(\frac{6.18}{2}\right)^2 \times 4 = 120\text{m}^3$，在孔隙比的计算公式中 $G_s = 2.67$，$w = 9.93\%$，30℃ 条件下 $\rho = 0.996\text{g/cm}^3$，所以可以得到试样质量与孔隙比之间的定量关系：

$$e_0 = \frac{1754 - 5m}{5m} \qquad (4-4)$$

　　因此，在控制试样体积一致的前提下，通过改变配制试样时的尾矿质量进行不同孔隙比试样的配制。孔隙比范围的选取是依据试样的制备条件来决定的，最小孔隙比为 0.5 是依据尾矿试样的参数数据，制备最密实标准渗透试样的最小值，最大孔隙比为 0.9，超过此孔隙比，所选取的尾矿不易制成体积为 120m³ 的成型试样，如图 4-5 所示。因此配制孔隙比范围为 0.5~0.9 的尾矿试样。

图 4-5　渗流试验制备的尾矿试样

　　表 4-3 为不同孔隙比试样制备参数。

表 4-3　不同孔隙比试样制备参数

孔隙比	0.5	0.55	0.6	0.65	0.7	0.8	0.9
相对密度	2.67	2.67	2.67	2.67	2.67	2.67	2.67
含水率/%	9.93	9.93	9.93	9.93	9.93	9.93	9.93
水密度/g·cm⁻³	0.996	0.996	0.996	0.996	0.996	0.996	0.996
环刀体积/cm³	120	120	120	120	120	120	120
质量/g	233.87	226.30	219.25	212.61	206.35	194.88	184.63

4.3　不同化学条件下孔隙比对尾矿渗透性影响试验

4.3.1　试验装置和方法

4.3.1.1　试验装置

　　试验采用变水头方法测试出中性、酸性、碱性条件下不同孔隙比的尾矿试样的渗透系数。选用 TST-55 型渗透仪进行试验，渗透仪包括上盖、底座、透水石、环刀、套座、螺杆等，环刀内径为 φ61.8mm，高为 40mm，装置部件和实物分别如图 4-6 和图 4-7 所示，整个试验装置结构如图 4-8 所示。

图 4-6   渗流试验仪器组件

图 4-7   TST-55 型渗透仪

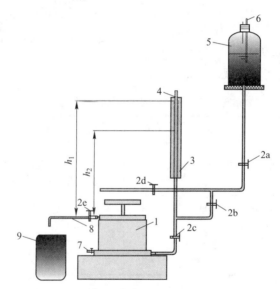

图 4-8   变水头渗透试验装置结构图

1—渗透试验装置；2—密封夹装置；3—刻度；4—变头装置；

5—化学溶液；6—注水孔；7—排气装置；8—出水口；9—烧杯

4.3.1.2   试验方法

（1）选用标准浓度 $c(H_2SO_4)$ = 0.500mol/L 的溶液、质量分数为 25% 的 NaOH 溶液、蒸馏水分别配制一定量 pH=3、pH=11、pH=7 的酸性、碱性、中性化学溶液，试剂温度均为 25℃。

（2）按照孔隙比将制好的环刀试样放入渗透仪套筒内，旋转螺母压紧试样，保证试样在渗流测试过程中不会漏气和漏水。

（3）将渗透仪容器下端的进水口与变水头管连接，将止水夹 2a、2b、2c 打开，关闭止水夹 2d，使供水装置与测压管渗透仪相连接，当排气管 7 流出的液体不再带有气泡，此时关闭排气管，供水装置进水使试样饱和。

（4）当出水管 8 有水流出时，此刻的试样已经饱和，关闭止水夹 2c，向变水头管内注水。

（5）当变水头管内水位达到一定高度时，关闭止水夹 2a，打开止水夹 2c，启动秒表开始记录起始水头高度 h_1，起始时间 t_1，以及时间 t_2 时刻终止水头高度 h_2，并用温度计记录水温 T。

（6）改变水力坡度重复试验，控制误差在允许范围内。

（7）酸性、碱性条件下，尾矿试样在化学试剂的作用下会产生微观的变化，随着作用时间延长渗透系数也会随之变化，在化学试剂作用尾矿试样一段时间后，测得的渗透系数处于较稳定状态时，测压管内置换成蒸馏水进行渗透系数的测试。

（8）将不同酸、碱溶液渗透后的尾矿取出，研究其表观变化（见图 4-9），利用扫描电镜和 X 射线能谱仪观察尾矿颗粒微观形貌、孔隙以及元素变化。

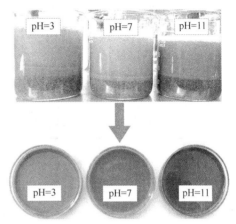

图 4-9 不同化学环境下尾矿浸泡后表观变化

4.3.2 试验原理

试验进行渗透系数测试时，将试样浸入试液并饱和，在测压管和出水管设置水头差，试样中的孔隙水将会从高水头位置流向低水头位置，在试验过程中严格控制水头差，浸泡时间控制在一定范围内，假设试样在渗流过程中不产生变形以及破坏，则测得的渗透时间差以及变水头管高差经过公式计算即为重制试样的渗透系数。

对中性、酸性、碱性条件下的不同孔隙比重塑土试样进行渗透试验，测得数据采用对数公式计算渗透系数：

$$K_T = 2.3 \frac{aL}{A\Delta t} \lg \frac{h_1}{h_2} \qquad (4-5)$$

式中，K_T 为水温为 T 时的渗透系数；a 为变水头管的断面积；L 为渗径长度；A 为渗流管道的截面面积；Δt 为从起始水头到终止水头的间隔时间；h_1，h_2 分别为起始水头和终止水头。

试验后测试水温 T 为 22℃，测得的渗透系数换算成 20℃ 下标准渗透系数：

$$K_{20} = 2.3 \frac{\eta_T a L}{\eta_{20} A (t_2 - t_1)} \lg \frac{h_1}{h_2} \qquad (4-6)$$

4.3.3　不同化学条件下孔隙比对尾矿渗透性影响规律

4.3.3.1　蒸馏水条件下尾矿试样渗透系数试验

通过上述试验步骤进行试验，本试验采用的水头控制在较小范围内，一组孔隙比的试样进行多次渗透系数测试，待数值稳定后，进行记录。对于出现漏水或者出水口速度过快、液体混浊等现象，进行重新制样测试。同一孔隙比由于存在渗透力作用，渗流试验不应进行太长时间，否则会导致干密度发生变化，使渗流测试数据产生偏差。

试验后测试水温为 22℃，测得的渗透系数换算成 20℃ 下标准渗透系数，记录的数据如表 4-4 所示。

表 4-4　中性条件下不同空隙比尾矿试样渗透系数记录数据

孔隙比	试验次数	经过时间 /s	测压管水位/cm		渗透系数 /cm·s⁻¹	20℃渗透系数 /cm·s⁻¹	平均渗透系数 /cm·s⁻¹
			h_1	h_2			
0.5	1	213.67	20	10	1.62×10^{-4}	1.54×10^{-4}	1.55×10^{-4}
	2	368.44	15	5	1.49×10^{-4}	1.42×10^{-4}	
	3	198.07	20	10	1.74×10^{-4}	1.66×10^{-4}	
	4	330.64	15	5	1.66×10^{-4}	1.58×10^{-4}	
0.55	1	106.89	20	10	3.23×10^{-4}	3.08×10^{-4}	2.93×10^{-4}
	2	180.25	15	5	3.04×10^{-4}	2.89×10^{-4}	
	3	110.98	20	10	3.11×10^{-4}	2.96×10^{-4}	
	4	186.44	15	5	2.94×10^{-4}	2.80×10^{-4}	
0.6	1	67.45	20	10	5.12×10^{-4}	4.88×10^{-4}	4.95×10^{-4}
	2	104.4	15	5	5.24×10^{-4}	5.00×10^{-4}	
	3	66.75	20	10	5.17×10^{-4}	4.93×10^{-4}	
	4	104.62	15	5	5.23×10^{-4}	4.98×10^{-4}	
0.65	1	42.35	20	10	8.15×10^{-4}	7.77×10^{-4}	7.54×10^{-4}
	2	69.68	15	5	7.85×10^{-4}	7.48×10^{-4}	
	3	43.2	20	10	7.99×10^{-4}	7.62×10^{-4}	
	4	71.47	15	5	7.66×10^{-4}	7.30×10^{-4}	

孔隙比	试验次数	经过时间/s	测压管水位/cm		渗透系数/cm·s⁻¹	20℃渗透系数/cm·s⁻¹	平均渗透系数/cm·s⁻¹
			h_1	h_2			
0.7	1	33.99	20	10	1.02×10^{-4}	9.68×10^{-4}	8.97×10^{-4}
	2	59.87	15	5	9.14×10^{-4}	8.71×10^{-4}	
	3	36.1	20	10	9.56×10^{-4}	9.11×10^{-4}	
	4	62.39	15	5	8.77×10^{-4}	8.36×10^{-4}	
0.8	1	20.54	20	10	1.68×10^{-3}	1.60×10^{-3}	1.51×10^{-3}
	2	36.67	15	5	1.49×10^{-3}	1.42×10^{-3}	
	3	20.67	20	10	1.67×10^{-3}	1.59×10^{-3}	
	4	37.11	15	5	1.47×10^{-3}	1.41×10^{-3}	
0.9	1	12.36	20	10	2.79×10^{-3}	2.66×10^{-3}	2.43×10^{-3}
	2	22.16	15	5	2.47×10^{-3}	2.35×10^{-3}	
	3	13.79	20	10	2.50×10^{-3}	2.39×10^{-3}	
	4	22.35	15	5	2.45×10^{-3}	2.33×10^{-3}	

通过试验测试的渗透系数进行拟合，获得的拟合曲线如图 4-10 所示，相关性系数 $R^2 = 0.99576$。从拟合曲线可以看出，随着孔隙比数值的增加，渗透系数随之增加，呈指数函数关系。此尾矿试样在此试验条件下渗透系数与孔隙比的数学关系式为

$$k = 1.3 \times 10^{-4}(e^{3.4e_0 - 1.66} - 1) \tag{4-7}$$

式中，e 为自然常数；e_0 为孔隙比。

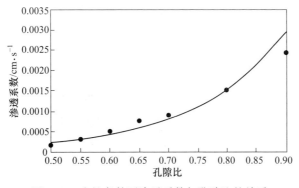

图 4-10 中性条件下渗透系数与孔隙比的关系

4.3.3.2 酸性条件下尾矿试样渗透系数试验

在蒸馏水条件下测得不同孔隙比下的渗透系数时，为避免渗流测试数据产生偏差，渗流稳定时便及时进行数据记录，而在酸性条件下，尾矿试样在酸性试剂的作用下会产生微观的变化，随着作用时间延长渗流系数也会随之变化，在酸性试剂作用尾矿试样一段时间后，测得的渗流系数处于较稳定状态时，然后测压管内置换成蒸馏水进行渗透系数的测试。在进行试剂的转换和作用时间上会产生不可避免的误差，每组试验进行数次，选取试验结果稳定并相近的数据进行记录保存。酸性条件下尾矿试样渗透系数记录数据如表4-5所示。

表 4-5 酸性条件下不同孔隙比尾矿试样渗透系数记录数据

孔隙比	试验次数	经过时间/s	测压管水位/cm		渗透系数/cm · s^{-1}	20℃渗透系数/cm · s^{-1}	平均渗透系数/cm · s^{-1}
			h_1	h_2			
0.5	1	125.38	20	10	2.75×10^{-4}	2.62×10^{-4}	2.58×10^{-4}
	2	209.34	15	5	2.61×10^{-4}	2.49×10^{-4}	
	3	124.6	20	10	2.77×10^{-4}	2.64×10^{-4}	
	4	203.78	15	5	2.69×10^{-4}	2.56×10^{-4}	
0.55	1	72.62	20	10	4.75×10^{-4}	4.53×10^{-4}	4.62×10^{-4}
	2	115.46	15	5	4.74×10^{-4}	4.52×10^{-4}	
	3	68.54	20	10	5.04×10^{-4}	4.80×10^{-4}	
	4	112.31	15	5	4.87×10^{-4}	4.64×10^{-4}	
0.6	1	38.93	20	10	8.87×10^{-4}	8.45×10^{-4}	7.81×10^{-4}
	2	71.3	15	5	7.67×10^{-4}	7.31×10^{-4}	
	3	42.05	20	10	8.21×10^{-4}	7.82×10^{-4}	
	4	68.1	15	5	8.04×10^{-4}	7.66×10^{-4}	
0.65	1	31.4	20	10	1.10×10^{-3}	1.05×10^{-3}	1.02×10^{-3}
	2	52.61	15	5	1.04×10^{-3}	9.91×10^{-4}	
	3	31.7	20	10	1.09×10^{-3}	1.04×10^{-3}	
	4	52.3	15	5	1.05×10^{-3}	9.97×10^{-4}	
0.7	1	23.54	20	10	1.47×10^{-3}	1.40×10^{-3}	1.38×10^{-3}
	2	39.78	15	5	1.38×10^{-3}	1.31×10^{-3}	
	3	22.84	20	10	1.51×10^{-3}	1.44×10^{-3}	
	4	37.93	15	5	1.44×10^{-3}	1.37×10^{-3}	

孔隙比	试验次数	经过时间/s	测压管水位/cm		渗透系数/cm·s⁻¹	20℃渗透系数/cm·s⁻¹	平均渗透系数/cm·s⁻¹
			h_1	h_2			
0.8	1	15.41	20	10	$2.24×10^{-3}$	$2.14×10^{-3}$	$2.18×10^{-3}$
	2	24.71	15	5	$2.21×10^{-3}$	$2.11×10^{-3}$	
	3	14.77	20	10	$2.34×10^{-3}$	$2.23×10^{-3}$	
	4	23.3	15	5	$2.35×10^{-3}$	$2.24×10^{-3}$	
0.9	1	8.1	20	10	$4.26×10^{-3}$	$4.06×10^{-3}$	$3.90×10^{-3}$
	2	13.33	15	5	$4.11×10^{-3}$	$3.91×10^{-3}$	
	3	8.46	20	10	$4.08×10^{-3}$	$3.89×10^{-3}$	
	4	13.92	15	5	$3.93×10^{-3}$	$3.75×10^{-3}$	

通过试验测试的渗透系数进行拟合，获得的拟合曲线如图 4-11 所示，相关性系数 $R^2=0.99325$。从拟合曲线可以看出，随着孔隙比数值的增加，渗透系数随之增加，趋势与蒸馏水条件下测得的指数函数趋势关系相似。此尾矿试样在酸性试验条件下渗透系数与孔隙比的数学关系式为

$$k = 2.3 × 10^{-4}(e^{4.67e_0-2.49} - 1) \tag{4-8}$$

式中，e 为自然常数；e_0 为孔隙比。

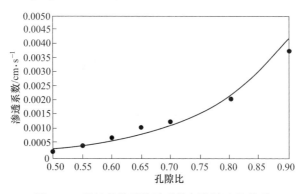

图 4-11　酸性条件下渗透系数与孔隙比的关系

4.3.3.3　碱性条件下尾矿试样渗透系数试验

与酸性条件下尾矿试样渗透系数测量的流程相似，但在记录时间上存在差异。由于碱性试剂下尾矿试样的渗透系数变化十分显著，测压管内液面下降速度较慢，碱性试剂作用一段时间后，渗透系数稳定，将测压管内的试剂换成蒸馏水进行渗透系数的测量，进行多组试验，选取渗透系数稳定并且相近的组别数据进

行记录保存，确保获得的数值准确可靠，如表4-6所示。

表4-6 碱性条件下不同孔隙比尾矿试样渗透系数记录数据

孔隙比	试验次数	经过时间/s	测压管水位/m		渗透系数/cm·s⁻¹	20℃渗透系数/cm·s⁻¹	平均渗透系数/cm·s⁻¹
			h_1	h_2			
0.5	1	316.73	20	10	1.09×10^{-4}	1.04×10^{-4}	8.89×10^{-5}
	2	625.86	15	5	8.74×10^{-5}	8.33×10^{-5}	
	3	364.14	20	10	9.48×10^{-5}	9.04×10^{-5}	
	4	666.7	15	5	8.21×10^{-5}	7.82×10^{-5}	
0.55	1	268.88	20	10	1.28×10^{-4}	1.22×10^{-4}	1.15×10^{-4}
	2	478.13	15	5	1.14×10^{-4}	1.09×10^{-4}	
	3	268.64	20	10	1.29×10^{-4}	1.22×10^{-4}	
	4	489.6	15	5	1.12×10^{-4}	1.07×10^{-4}	
0.6	1	220.07	20	10	1.57×10^{-4}	1.50×10^{-4}	1.43×10^{-4}
	2	376.18	15	5	1.45×10^{-4}	1.39×10^{-4}	
	3	226.42	20	10	1.52×10^{-4}	1.45×10^{-4}	
	4	378.61	15	5	1.45×10^{-4}	1.38×10^{-4}	
0.65	1	168.15	20	10	2.05×10^{-4}	1.96×10^{-4}	1.83×10^{-4}
	2	285.36	15	5	1.92×10^{-4}	1.83×10^{-4}	
	3	181.3	20	10	1.90×10^{-4}	1.81×10^{-4}	
	4	303.75	15	5	1.80×10^{-4}	1.72×10^{-4}	
0.7	1	122.54	20	10	2.82×10^{-4}	2.69×10^{-4}	2.81×10^{-4}
	2	171.53	15	5	3.19×10^{-4}	3.04×10^{-4}	
	3	127.27	20	10	2.71×10^{-4}	2.59×10^{-4}	
	4	177.77	15	5	3.08×10^{-4}	2.93×10^{-4}	
0.8	1	66.34	20	10	5.20×10^{-4}	4.96×10^{-4}	5.26×10^{-4}
	2	93.6	15	5	5.85×10^{-4}	5.57×10^{-4}	
	3	65.88	20	10	5.24×10^{-4}	4.99×10^{-4}	
	4	94.92	15	5	5.77×10^{-4}	5.49×10^{-4}	
0.9	1	47.13	20	10	7.33×10^{-4}	6.98×10^{-4}	7.57×10^{-4}
	2	65.19	15	5	8.39×10^{-4}	8.00×10^{-4}	
	3	46.2	20	10	7.47×10^{-4}	7.12×10^{-4}	
	4	63.83	15	5	8.57×10^{-4}	8.17×10^{-4}	

通过试验测试的渗透系数进行拟合，获得的拟合曲线如图 4-12 所示，相关性系数 $R^2 = 0.97955$。从拟合曲线可以看出，随着孔隙比数值的增加，渗透系数随之增加，趋势与蒸馏水条件下测得的指数函数关系相似，但渗透系数数值明显变小。此尾矿试样在碱性试验条件下渗透系数与孔隙比的数学关系式为

$$k = 1.06 \times 10^{-4} \left(e^{3.9e_0 - 1.58} - 1 \right) \tag{4-9}$$

式中，e 为自然常数；e_0 为孔隙比。

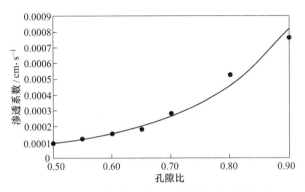

图 4-12 碱性条件下渗透系数与孔隙比的关系

4.3.4 化学条件下尾矿渗透系数变化规律与对比研究

4.3.4.1 酸性条件下尾矿渗透系数变化规律

从第 3 章的试验分析可以看出，在化学试剂的影响下，尾矿试样的形貌以及粒径级配发生变化，微观上颗粒间胶结情况、物相组成与成分占比发生变化，在变化的过程中，尾矿试样的渗透系数也随之改变，为了测得变化过程中尾矿试样的渗透系数变化情况，制作孔隙比为 0.65 的试样，测压管水位复位调整 8 次，测试并记录 32 次数据，每测 4 次数据计算一次平均渗透系数，随着试验浸泡时间的延长，试样的渗透系数逐步趋于稳定，记录数据如表 4-7 所示。

表 4-7 酸性条件下尾矿试样渗透系数变化记录数据

| 经历时间/s | 记录次数 | 经过时间/s | 测压管水位/cm | | 渗透系数/cm·s⁻¹ | 20℃渗透系数/cm·s⁻¹ | 平均渗透系数/cm·s⁻¹ |
			h_1	h_2			
262.41	1	53.15	20	10	6.50×10^{-4}	6.19×10^{-4}	6.50×10^{-4}
	2	84.67	15	5	6.46×10^{-4}	6.16×10^{-4}	
	3	47.94	20	10	7.20×10^{-4}	6.86×10^{-4}	
	4	76.65	15	5	7.14×10^{-4}	6.80×10^{-4}	

经历时间 /s	记录 次数	经过时间 /s	测压管水位/cm		渗透系数 /cm·s⁻¹	20℃渗透系数 /cm·s⁻¹	平均渗透系数 /cm·s⁻¹
			h_1	h_2			
482.43	5	38.57	20	10	$8.95×10^{-4}$	$8.53×10^{-4}$	$7.83×10^{-4}$
	6	71.3	15	5	$7.67×10^{-4}$	$7.31×10^{-4}$	
	7	42.05	20	10	$8.21×10^{-4}$	$7.82×10^{-4}$	
	8	68.1	15	5	$8.04×10^{-4}$	$7.66×10^{-4}$	
687.82	9	39.3	20	10	$8.79×10^{-4}$	$8.37×10^{-4}$	$8.32×10^{-4}$
	10	64.59	15	5	$8.47×10^{-4}$	$8.07×10^{-4}$	
	11	38.19	20	10	$9.04×10^{-4}$	$8.62×10^{-4}$	
	12	63.31	15	5	$8.64×10^{-4}$	$8.24×10^{-4}$	
877.37	13	37.21	20	10	$9.28×10^{-4}$	$8.84×10^{-4}$	$9.01×10^{-4}$
	14	59.95	15	5	$9.13×10^{-4}$	$8.70×10^{-4}$	
	15	34.78	20	10	$9.93×10^{-4}$	$9.46×10^{-4}$	
	16	57.61	15	5	$9.50×10^{-4}$	$9.05×10^{-4}$	
1059.91	17	34.84	20	10	$9.91×10^{-4}$	$9.44×10^{-4}$	$9.38×10^{-4}$
	18	57.89	15	5	$9.45×10^{-4}$	$9.01×10^{-4}$	
	19	33.71	20	10	$1.02×10^{-3}$	$9.76×10^{-4}$	
	20	56.1	15	5	$9.75×10^{-4}$	$9.30×10^{-4}$	
1236.48	21	33.76	20	10	$1.02×10^{-3}$	$9.75×10^{-4}$	$9.67×10^{-4}$
	22	55.64	15	5	$9.84×10^{-4}$	$9.37×10^{-4}$	
	23	33.21	20	10	$1.04×10^{-3}$	$9.91×10^{-4}$	
	24	53.96	15	5	$1.01×10^{-3}$	$9.66×10^{-4}$	
1408.34	25	32.34	20	10	$1.07×10^{-3}$	$1.02×10^{-3}$	$9.95×10^{-4}$
	26	53.6	15	5	$1.02×10^{-3}$	$9.73×10^{-4}$	
	27	32.46	20	10	$1.06×10^{-3}$	$1.01×10^{-3}$	
	28	53.46	15	5	$1.02×10^{-3}$	$9.76×10^{-4}$	
1576.35	29	31.7	20	10	$1.09×10^{-3}$	$1.04×10^{-3}$	$1.02×10^{-3}$
	30	52.3	15	5	$1.05×10^{-3}$	$9.97×10^{-4}$	
	31	31.4	20	10	$1.10×10^{-3}$	$1.05×10^{-3}$	
	32	52.61	15	5	$1.04×10^{-3}$	$9.91×10^{-4}$	

将记录数据进行拟合分析，得到的拟合曲线如图 4-13 所示，可以看出，渗透系数在一定时间范围内，随着时间逐步趋于稳定（试验时间不宜设置太长，否则渗透系数数值将会发生较大波动，比如产生固定渗透通道，产生误差）。

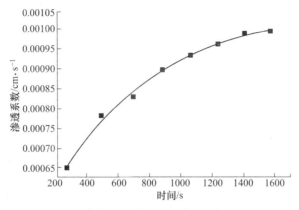

图 4-13　酸性条件下试样渗透系数随时间的变化规律

4.3.4.2 碱性条件下尾矿渗透系数变化规律

同样制作孔隙比为 0.65 的试样，在碱性环境下测压管水位复位调整 8 次，测试并记录 32 次数据，每测 4 次数据计算一次平均渗透系数，随着试样浸泡时间的延长，试样的渗透系数变化也会逐步趋于稳定，记录数据如表 4-8 所示。

表 4-8　碱性条件下尾矿试样渗透系数变化记录数据

经历时间 /s	记录 次数	试验 记录	经过时间 /s	测压管水位/cm		渗透系数 /cm·s^{-1}	20℃渗透系数 /cm·s^{-1}	平均渗透系数 /cm·s^{-1}
				h_1	h_2			
236.11	1	1	42.54	20	10	$8.12×10^{-4}$	$7.73×10^{-4}$	$7.29×10^{-4}$
	2	2	71.53	15	5	$7.65×10^{-4}$	$7.29×10^{-4}$	
	3	3	44.27	20	10	$7.80×10^{-4}$	$7.43×10^{-4}$	
	4	4	77.77	15	5	$7.04×10^{-4}$	$6.71×10^{-4}$	
523.1	5	1	48.53	20	10	$7.11×10^{-4}$	$6.78×10^{-4}$	$6.06×10^{-4}$
	6	2	87.53	15	5	$6.25×10^{-4}$	$5.96×10^{-4}$	
	7	3	53.24	20	10	$6.48×10^{-4}$	$6.18×10^{-4}$	
	8	4	97.69	15	5	$5.60×10^{-4}$	$5.34×10^{-4}$	
829.8	9	1	53.83	20	10	$6.41×10^{-4}$	$6.11×10^{-4}$	$5.67×10^{-4}$
	10	2	97.69	15	5	$5.60×10^{-4}$	$5.34×10^{-4}$	
	11	3	54.38	20	10	$6.35×10^{-4}$	$6.05×10^{-4}$	
	12	4	100.8	15	5	$5.43×10^{-4}$	$5.17×10^{-4}$	

经历时间/s	记录次数	试验记录	经过时间/s	测压管水位/cm		渗透系数/cm·s⁻¹	20℃渗透系数/cm·s⁻¹	平均渗透系数/cm·s⁻¹
				h_1	h_2			
1216.26	13	1	61.45	20	10	5.62×10^{-4}	5.35×10^{-4}	4.56×10^{-4}
	14	2	114.78	15	5	4.77×10^{-4}	4.54×10^{-4}	
	15	3	71.6	20	10	4.82×10^{-4}	4.60×10^{-4}	
	16	4	138.63	15	5	3.95×10^{-4}	3.76×10^{-4}	
1734.14	17	1	80.17	20	10	4.31×10^{-4}	4.10×10^{-4}	3.42×10^{-4}
	18	2	149.98	15	5	3.65×10^{-4}	3.48×10^{-4}	
	19	3	97.74	20	10	3.53×10^{-4}	3.37×10^{-4}	
	20	4	189.99	15	5	2.88×10^{-4}	2.74×10^{-4}	
2405.57	21	1	111.65	20	10	3.09×10^{-4}	2.95×10^{-4}	2.62×10^{-4}
	22	2	218.41	15	5	2.51×10^{-4}	2.39×10^{-4}	
	23	3	115.12	20	10	3.00×10^{-4}	2.86×10^{-4}	
	24	4	226.25	15	5	2.42×10^{-4}	2.31×10^{-4}	
3202.95	25	1	150.23	20	10	2.30×10^{-4}	2.19×10^{-4}	2.18×10^{-4}
	26	2	237.85	15	5	2.30×10^{-4}	2.19×10^{-4}	
	27	3	227.93	20	10	1.51×10^{-4}	1.44×10^{-4}	
	28	4	181.37	15	5	3.02×10^{-4}	2.88×10^{-4}	
4101.51	29	1	158.15	20	10	2.18×10^{-4}	2.08×10^{-4}	1.92×10^{-4}
	30	2	275.36	15	5	1.99×10^{-4}	1.89×10^{-4}	
	31	3	171.3	20	10	2.02×10^{-4}	1.92×10^{-4}	
	32	4	293.75	15	5	1.86×10^{-4}	1.78×10^{-4}	

　　将记录数据进行拟合分析，得到的拟合曲线如图4-14所示。在碱性条件下试验时间过长时会导致渗流系数数值产生较大波动，出现测压管液面不变化，试样的渗流通道出现阻塞的情况。

4.3.4.3　化学因素影响下的渗透系数对比研究

　　将蒸馏水、酸性、碱性化学试剂作用下尾矿试样的渗透系数变化情况进行对比，如图4-15所示。在酸性条件下尾矿试样的渗透系数变大，在碱性试剂作用下，尾矿试样的渗透系数变小。三种条件下随着孔隙比的变大，渗透系数变化都

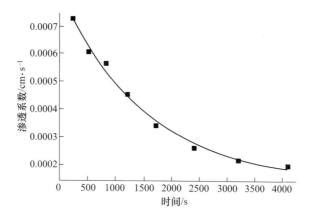

图 4-14 碱性条件下试样渗透系数随时间的变化规律

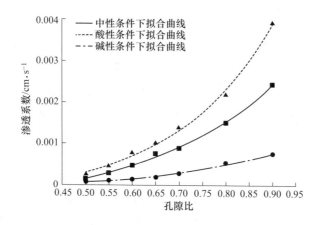

图 4-15 不同化学环境下渗透系数与孔隙比的关系对比

愈加明显，但在碱性条件下，孔隙比对渗透系数的影响比酸性和中性条件下都要小，碱性条件产生的渗透阻塞作用效果明显。与酸性试验组对比，碱性条件对尾矿试样的渗透系数影响更大。

从化学离子作用下渗透系数的动态变化对比可以看出，在记录次数达到一定数值后，渗流速度趋于稳定，此时记下测压管的数值与时间，计算获得的渗透系数便是试样稳定的渗透系数。在此基础上继续进行试验，渗透系数将会发生较大的突变，此时记录的渗透数据获取的渗透系数将不会代表试样的渗透系数。

在渗透系数测试过程中，酸、碱条件下渗透系数与时间的关系如图 4-16 所示。

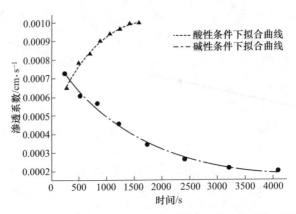

图 4-16　酸、碱条件下试样渗透系数随时间变化规律对比

4.3.5　不同化学环境下尾矿浸泡时间与尾矿渗透关系

　　将尾矿在 pH = 3 和 pH = 11 的酸、碱溶液中分别浸泡 200s、400s、600s、800s、1000s、1200s、1400s、1600s（试验浸泡时间不宜设置太长，否则会产生固定渗透通道，渗透系数将会发生较大波动，导致误差增大）。由于在实际尾矿库中，库内液体是流动的，为模拟尾矿库液体的流动带走细微小颗粒的影响效果，同时避免化学试剂与试样反应后减弱作用效果，试验中每隔一定时间将上清液过滤并置换成新配置的酸碱溶液。通过尾矿级配分析得到如图 4-17 所示结果。将图 4-17 与图 3-22a 对比可以明显的看出强酸环境下尾矿的中值粒径 $d_{50} = 27.62\mu m > d_{50} = 18.35\mu m$（中性环境），说明细微颗粒的占比减小，原因是在浸泡过程中存在细微颗粒溶蚀严重的可能性，期间定期将上清液置换为新液体时，细

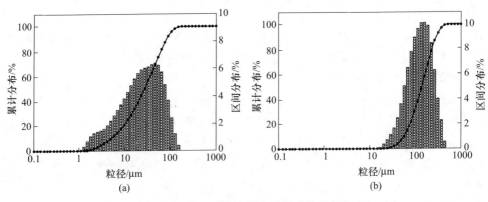

图 4-17　酸、碱溶液浸泡后尾矿粒径变化

（a）pH = 3；（b）pH = 11

微颗粒流失所造成。在强碱作用下尾矿颗粒集中表现为粒径增大（$d_{50}=132.58\mu m$），大颗粒尾矿占有比例较大，可能是浸泡过程中胶结物，与颗粒间黏结有关。同时可以发现经过酸、碱溶液浸泡后的尾矿颗粒的级配均变差。

将试样的孔隙比控制在0.65，探究尾矿渗透试验时浸泡时间对尾矿渗透系数的影响关系。由图4-18（a）可知，尾矿的渗透系数随强酸溶液的浸泡时间呈二次抛物线增长，浸泡1600s较浸泡200s增加了56.92%；由图4-18（b）可以看出，强碱环境下尾矿的渗透系数随浸泡时间呈Logistic函数下降，前1000s表现为快速下降趋势，1000s后则下降变缓，浸泡1600s较浸泡200s下降了73.66%。

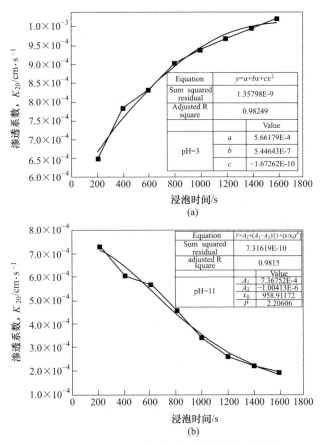

图4-18 尾矿浸泡时间与渗透系数的变化关系

（a）pH=3；（b）pH=11

4.3.6 孔隙比与渗透系数的关系模型

从渗透试验中初步可知孔隙比与渗透系数为"似指数"关系，为进一步准确地得到不同化学条件下孔隙比与尾矿试样的渗透系数关系的具体模型，根据太沙基公式、柯森公式、刘杰公式，设置拟合方程形式，如式（4-10）~式（4-12）所示。

太沙基公式：

$$K = 2d_{10}^2 e^2 \Rightarrow y = ax^2 \tag{4-10}$$

柯森公式：

$$K_{18} = 780 \frac{n^3}{(1-n)^2} d_9^2 \xrightarrow{n = \frac{e}{1+e}} K_{18} = 780 d_9^2 \frac{e^3}{1+e} \Rightarrow y = a \frac{x^3}{1+x} \tag{4-11}$$

刘杰公式：

$$K_{10} = 234n^3 d_{20}^2 \xrightarrow{n = \frac{e}{1+e}} K_{10} = 234 d_{20}^2 \left(\frac{e}{1+e}\right)^3 \Rightarrow y = a \left(\frac{x}{1+x}\right)^3 \tag{4-12}$$

利用 OriginPro 2018 软件按照上述设置的方程形式进行拟合，结果如表 4-9 所示。从表 4-9 可知，在中性、酸性、碱性三种化学条件下，采用柯森公式对试验中得到的孔隙比与渗透系数进行拟合效果最好，因此采用柯森公式表征不同化学条件下孔隙比与渗透系数的变化规律。

表 4-9　不同形式的方程拟合结果

公式类型	中性（pH=7）		酸性（pH=3）		碱性（pH=11）	
	拟合结果	R^2	拟合结果	R^2	拟合结果	R^2
太沙基公式	$K_{20} = 0.00227e^2$	0.810	$K_{20} = 0.00351e^2$	0.786	$K_{20} = 7.34416 \times 10^{-4} e^2$	0.805
柯森公式	$K_{20} = 0.00535 \frac{e^3}{1+e}$	0.910	$K_{20} = 0.00831 \frac{e^3}{1+e}$	0.890	$K_{20} = 0.00173 \frac{e^3}{1+e}$	0.906
刘杰公式	$K_{20} = 0.01615 \left(\frac{e}{1+e}\right)^3$	0.752	$K_{20} = 0.02501 \left(\frac{e}{1+e}\right)^3$	0.726	$K_{20} = 0.00524 \left(\frac{e}{1+e}\right)^3$	0.747

根据图 3-22a 的尾矿粒级组成可知，尾矿试样的有效粒径 $d_9 = 0.00317$ cm，基于柯森公式进行变换拟合得到三种不同化学条件下高拟合优度的公式和拟合曲线，如图 4-19 所示。

$$K_{20} = 532.4 \frac{e^3}{1+e} d_9^2 \quad (pH = 7,\ R^2 = 0.994) \tag{4-13}$$

$$K_{20} = 826 \frac{e^3}{1+e} d_9^2 \quad (pH = 3,\ R^2 = 0.995) \tag{4-14}$$

$$K_{20} = 172.2 \frac{e^3}{1+e} d_9^2 \quad (pH = 11,\ R^2 = 0.989) \tag{4-15}$$

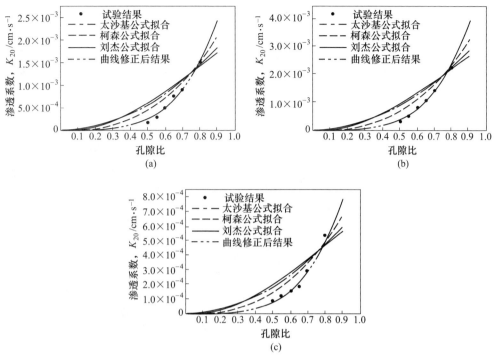

图 4-19   基于不同计算公式的孔隙比与渗透系数拟合关系
（a）pH=7；（b）pH=3；（c）pH=11

4.3.7   不同化学条件下孔隙比对尾矿渗透性影响机理与微观分析

含有硫化矿物的磁铁矿和黄铁矿尾矿常常在氧气的作用下产生 H_2SO_4 以及游离的 Fe^{2+}，Fe^{2+} 继续氧化形成 Fe^{3+}。由于 Fe^{3+} 具有强氧化性，氧化速率是 O_2 的 10 倍多，因此尾矿中氧化物变为两种，铁的硫化物极易继续被氧化还原形成更多的 H^+，使尾矿中酸性增强，溶解尾矿颗粒表面及颗粒间的 $CaCO_3$、$MgCO_3$ 等碳酸化合物，改变尾矿颗粒形貌和孔隙比，增强尾矿间的通透性。同时 Fe^{3+} 与 H_2O 发生反应形成碱性的氢氧化合物胶体，沉淀物裹覆尾矿颗粒表面并将颗粒间的孔隙通道填堵，形成堵塞作用，致使尾矿颗粒的渗透性显著下降。在不同化学条件下尾矿颗粒形状与孔隙变化如图 4-20 所示。酸碱条件下尾矿发生反应的化学方程式如下：

$$2FeS_2 + 7O_2 + 2H_2O \longrightarrow 2FeSO_4 + 2H_2SO_4 \tag{4-16}$$

$$2FeS + (4 - x)O_2 + 2xH_2O \longrightarrow 2Fe^{2+} + 2SO_4^{2-} + 4xH^+ \tag{4-17}$$

Fe^{2+} 易被氧化：

$$4Fe^{2+} + O_2 + 4H^+ \longrightarrow 4Fe^{3+} + 2H_2O \tag{4-18}$$

氧化反应继续：

$$FeS_2 + 14Fe^{3+} + 8H_2O \longrightarrow 15Fe^{2+} + 2SO_4^{2-} + 16H^+ \quad (4-19)$$

$$FeS + (8-2x)Fe^{3+} + 4H_2O \longrightarrow (9-2x)Fe^{2+} + SO_4^{2-} + 8H^+$$

$$(4-20)$$

碱性环境反应：

$$Fe^{3+} + 3H_2O \longrightarrow Fe(OH)_3 \downarrow + 3H^+ \quad (4-21)$$

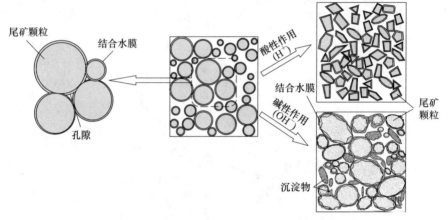

图 4-20   不同化学条件下尾矿颗粒形状与孔隙变化示意图

另外，尾矿砂表面带有负电荷，在其周围形成电场，吸附水中的阳离子形成结合水膜，由于结合水膜受电场力作用对孔隙中的自由水存在一定黏滞作用，故结合水膜的厚度在一定程度上能反映尾矿的渗透性。尾矿颗粒在酸性环境中，小颗粒被逐渐地溶蚀，表面结合水膜变薄，增加尾矿的渗透系数，而在碱性环境中由于化学反应形成的沉淀胶状物带有正电，致使结合水膜变厚，导致尾矿砂渗透性下降。

为进一步研究不同化学条件对尾矿颗粒微观结构影响和成分变化，本文利用蔡司 ZEISS EVO18 型扫描电子显微镜观察尾矿颗粒的微观结构，对比中性、酸性、碱性环境下的结构差异，得到如图 4-21 所示的结果。从图 4-21（a）可以看出，在 pH=7 的中性环境下，尾矿颗粒粒径分布离散，既有+75μm 的大颗粒粒径，也有 -20μm 小颗粒粒径，小颗粒尾矿松散的分布在大颗粒尾矿表面，颗粒与颗粒间距较为连续均匀。从图 4-21（b）可以看出，当尾矿处在 pH=3 的酸性环境中，小颗粒尾矿被大量侵蚀，大颗粒尾矿呈散乱分布，且颗粒表面凸显出明显的棱角，颗粒间孔隙较大，通道较深。因此尾矿在酸性环境下孔隙比扩大，渗透系数变大，渗透性变好。从图 4-21（c）可以看出，当尾矿处在 pH=11 的碱性条件下，尾矿颗粒被胶体沉淀物包裹，且紧密地黏结在一起形成网状蜂窝结构，大的蜂窝絮状体间被沉淀结晶物填充。因此，碱性环境下的尾矿渗透系数明显下降，渗透性降低。

图 4-21 不同化学条件下尾矿颗粒形貌 SEM 图像和能谱图
（a）pH＝7；（b）pH＝3；（c）pH＝11

4.4 本 章 小 结

本章在第 3 章的基础上，通过室内测试获取尾矿试样的含水率以及相对密度两项关键参数；选取相同尾矿，利用关键参数进行不同孔隙比尾矿试样的配制；测试不同孔隙比试样的渗透系数，获得不同孔隙比下渗透系数的变化情况，同时拟合获得数学关系表达式；并尝试获取在一定作用时间内渗透系数在试剂作用下的变化情况；将三者进行对比，获取酸、碱化学环境下对尾矿试样的作用效果；得到了不同化学环境下尾矿浸泡时间与尾矿渗透关系；并建立了孔隙比与渗透系数的关系模型；揭示了不同化学条件下孔隙比对尾矿渗透性影响机理。得到了如下结论：

（1）在一定的化学条件下，渗透系数随孔隙比的增大而增大，存在"似指数"关系。不同的化学条件作用下对尾矿的渗透性存在明显的影响，在相同的孔隙比下，酸性环境尾矿渗透性>中性环境尾矿渗透性>碱性环境尾矿渗透性。

（2）相同化学环境，不同浸泡时间条件下对尾矿渗透性存在较大影响，当孔隙比控制为 0.65，pH=3 强酸溶液中，尾矿的渗透系数随浸泡时间呈二次抛物线增长，浸泡 1600s 较浸泡 200s 增加了 56.92%；在 pH=11 强碱环境下，尾矿的渗透系数随浸泡时间呈 Logistic 函数下降，浸泡 1600s 较浸泡 200s 下降了 73.66%。

（3）对不同化学条件作用下尾矿孔隙比与渗透系数关系研究分析，基于太沙基公式、柯森公式、刘杰公式拟合得到 pH=7、pH=3、pH=11 三种环境下的尾矿孔隙比与渗透系数的高精度关系修正模型，利用经验性渗透计算公式可为化学作用下改善尾矿渗流特性提供指导。

（4）不同化学条件下孔隙比对尾矿渗透性影响的机理为：含硫化物的铁矿尾砂会经过系列氧化还原反应形成酸和碱环境，酸性作用下溶蚀部分细颗粒，使孔隙通道变大，渗透性升高，碱性作用下形成胶体沉淀物裹覆颗粒表面，淤堵颗粒间孔隙，降低尾矿的渗透系数；尾矿颗粒表面形成的结合水膜有黏滞作用，一定程度降低渗透性，酸性条件下结合水膜变薄，尾矿渗透系数上升，碱性环境下结合水膜变厚，渗透系数下降。

通过试验，建立孔隙比与渗透系数的数学关系模型，即可将应力场作用下尾矿试样孔隙比变化与渗流场作用下渗透系数变化建立联系。针对所选取的尾矿试样，可获得化学因素作用对应力-渗流两场耦合影响的具体量化关系，为后续章节的数值计算提供计算依据。

5 化学因素影响下尾矿库稳定性分析的数值计算

5.1 概 述

有限元方法（finite element method）是目前科学研究与工程计算的有效分析手段和高效计算工具，它能高效求得复杂微分方程的近似解。

作为岩土工程的数值计算软件，必须要求其能真实构建反映土体性状的本构模型，对应力、位移、孔压等的计算可以准确、高效地进行。ABAQUS 在这方面具有很好的适用性，并且操作灵活、简捷，可以方便地重新自定义材料属性等关键参数，对于岩土工程中的应力-渗流多场耦合的计算也十分专业，这为本文的探索和研究提供了便利。

本章主要探索 ABAQUS 在尾矿库多场耦合计算中的应用，了解其基本工作原理，以达到合理、准确使用的目的，并将上两章节建立的化学因素对应力-渗流两场耦合影响的数学模型通过有限元计算软件得以运用。

5.2 ABAQUS 有限元程序介绍及应用

ABAQUS 是达索 SIMULIA 公司研究与开发的有限元分析软件，由于其丰富的单元类型、材料模型、开放性的操作界面、对于非线性问题高效地求解等优点，使其成为世界上最有影响力的有限元分析软件之一。

它综合了有限元的优点，拥有复杂的非线性本构模型，可实现多变的载荷以及边界条件的施加，可定义丰富的各向异性材料等等。

ABAQUS 一般的计算分析流程如图 5-1 所示。

创建部件（part）⇒ 设置材料和截面特性（property）⇒ 定义装配件（assembly）⇒ 设置分析步和变量输出（step）⇒ 施加载荷和迈界条件（load）⇒ 划分网格（mesh）⇒ 提交作业，运行分析（job）⇒ 结果后处理（visualization）

图 5-1 模拟分析流程

针对不同类型的分析，顺序可以相应进行调整，ABAQUS/CAE 通过每个步骤对应的功能模块实现对应操作。

5.2.1　ABAQUS 在岩土工程多场耦合中的应用

在岩土工程的数值计算中，由于岩土介质存在几何非线性、材料非线性等问题，如岩土体存在节理裂隙、孔隙、密度以及应力历史多样性，并且受液体渗流因素的影响，其表现为非线性以及各向异性的特点。由于经典方法的局限性，在考虑多因素影响的分析中不能很好解决实际建设过程中遇到的问题。伴随着有限元技术以及计算机技术的发展，有限元计算逐渐成为岩土工程中有力的计算工具。有限元计算避免了经典方法中将破坏与变性分割分析的弊端，并且将两者相结合同时进行；此外，有限元可以设置不规则的几何形状与边界条件，也可以定义较复杂的材料属性与本构模型。

ABAQUS 在岩土工程中的应用特点主要体现在以下几个方面：

（1）岩土体的特殊性体现在其材料的非线性，比如载荷超过一定数值后，土体材料将会由线弹性转变为塑性变形，应力与应变进入非线性关系，ABAQUS 可以实现岩土工程中复杂定解条件的施加，拥有丰富的土体本构模型，同时可以针对自身需求自定义材料属性，拥有丰富的子程序接口和二次开发接口，使其更好地处理岩土工程问题。

（2）对于岩土工程中土体的渗流分析问题、流固耦合问题，ABAQUS 可以使用孔压单元，可以实现有效应力的准确计算，并且 ABAQUS 中有专门针对孔隙介质中流体应力-渗流耦合的相关分析，为求解岩土工程中应力渗流耦合问题提供了便利。

（3）除了可以自定义材料属性、本构模型等参数，对于定解调节，用户可以根据实际工程情况使用用户子程序进行位移（子程序 DISP）、载荷（子程序 DLOAD）、初始应力（子程序 SIGINI）、初始孔隙比（子程序 VOIDRE）等非线性分布情况的设定，这大大拓展了 ABAQUS 在岩土工程中的应用范畴。

5.2.2　ABAQUS 在尾矿库内耦合计算的实现

ABAQUS 提供了多重分析类型，可以求解饱和渗流问题、非饱和渗流问题、联合渗流问题、水分迁移问题以及热-流-固耦合分析问题。针对尾矿库内的耦合计算可以使用 ABAQUS 中的应力-渗流耦合模型。

尾矿库内的耦合计算属于联合渗流问题，因为在尾矿库内，浸润线以下属于饱和渗流问题，浸润线以上属于非饱和渗流问题。本节主要参照费康主编的《ABAQUS 岩土工程实例详解》一书，并运用土力学相关概念展开研究。

5.2.2.1 有效应力原理

在非饱和土中，土是包括土骨架、液体以及气体的三相体系，土中的应力由三者共同承担。饱和土中总应力是指有效应力与孔隙水压力的和，有效应力是指土骨架传递的力，所以，当土体产生变形时，这是由土骨架传递的有效应力发生变化而引起的。有效应力原理是表示有效应力、总应力与孔隙水压力三者之间的关系。ABAQUS 中应力以拉为正，液体与气体压力以压为正，这与常规的土力学中定义力的正负不同。

例如：

$$\overline{\sigma} = \sigma + (\xi u_{\mathrm{w}} + (1 - \xi) u_{\mathrm{a}}) I \tag{5-1}$$

式中，$\overline{\sigma}$ 为有效应力，Pa；σ 为总应力，Pa；u_{w} 为液体压力，Pa；u_{a} 为气压，Pa；ξ 与饱和土和液体-气体之间的表面张力有关，如：土完全饱和时 $\xi = 1$，干土时 $\xi = 0$。

5.2.2.2 孔隙介质中的流体流动

ABAQUS 在处理孔隙介质中流体流动的方式时，土体分为土颗粒体积和孔隙体积，将孔隙体积视为气体和液体的多相材料。液体和气体在计算中需要满足流体的连续方程，它们可以通过固定在土骨架上的有限元网格。我们常常使用有效应力定义土体的本构模型，采用 Darcy 定律模拟液体的渗流。

5.2.2.3 固结计算中的孔压

在计算模型中重力载荷采用 GRAV（gravity load）分布载荷类型进行定义时，ABAQUS 会基于总孔压进行分析，若重力通过体力（body force）来实现，则采用超孔压进行分析。

5.2.3 应力-渗流耦合计算关键事项

5.2.3.1 选择单元

在进行应力-渗流耦合分析的计算中，选用带孔压自由度的单元，当在只有渗流分析的计算中，选用常规的孔压单元，但要约束单元的位移自由度，选择 CPE4P 单元，CPE4P 单元为四结点平面应变四边形单元，双线性位移，双线性孔压。

5.2.3.2 材料属性定义

在分析中采用 Gravity 分布载荷施加重力，分析基于孔压进行，此时定义材料的密度为土体的干密度。

在定义渗透系数时，ABAQUS 采用 Forchheimer 渗透定律，渗透系数可用式

(5-2) 表示：

$$\bar{k} = \frac{k_s}{\left(1 + \beta \sqrt{v_w v_w}\right)} k \tag{5-2}$$

式中，β 为流速对渗透系数影响的系数；v_w 为流速，cm/s；k_s 为饱和度 S_r 相关系数，$k_s = S_r^3$。

此处可以定义渗透系数与孔隙比之间的关系函数，经过第 4 章的计算，可以确定两者之间的数学关系：

$$k_1 = 1.3 \times 10^{-4} (e^{3.4e_0 - 1.66} - 1) \tag{5-3}$$

$$k_2 = 2.3 \times 10^{-4} (e^{4.67e_0 - 2.49} - 1) \tag{5-4}$$

$$k_3 = 1.06 \times 10^{-4} (e^{3.9e_0 - 1.58} - 1) \tag{5-5}$$

式中，k_1，k_2，k_3 分别为蒸馏水、酸性、碱性条件下渗透系数与孔隙比之间的关系；e 为自然常数；e_0 为孔隙比。

图 5-2 为渗透系数与孔隙比或者饱和度间的关系设置。

图 5-2　渗透系数与孔隙比或者饱和度间的关系设置

5.2.3.3　载荷边界条件

除正常载荷施加以及边界条件的限制外，应针对孔压以及边界流量进行设置。

其中，除了边界条件约束外，在尾矿库排放口附近的水域制定随高程变化的孔压，来满足水头条件，空间分布计算公式如图 5-3 内对话框所示。

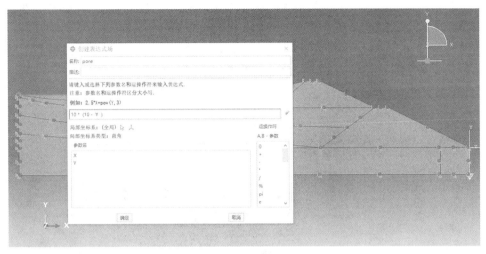

图 5-3 孔压参数设置

在尾矿库初期坝底部和下游边坡段设置排水边界，用 ABAQUS 中的 Drainage only 边界条件来控制。在分析步语句 * step 之后边界条件中添加语句：

* sflow
weikuangku-1. fdown，qd，0. 1
weikuangku-1. fbot，qd，0. 1
如图 5-4 所示。

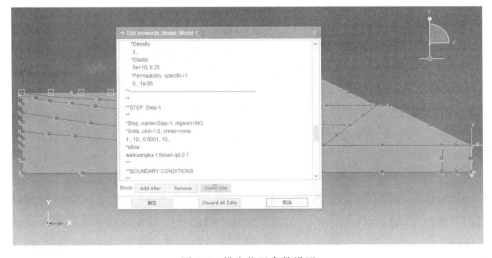

图 5-4 排水位置参数设置

5.2.3.4　初始条件设置

初始条件的设置需要正确定义初始孔隙比、孔压以及有效应力的分布。在实际尾矿库内，孔隙比是随着深度的增加而发生变化的，土体的干密度与饱和度也随着深度增加而变化，在建模的过程中应该对其进行定义，并且竖向有效应力分布应建立与 z 轴相关联的函数，水平有效应力由竖向有效应力通过土压力系数确定。图 5-5 为初始孔隙比设置。

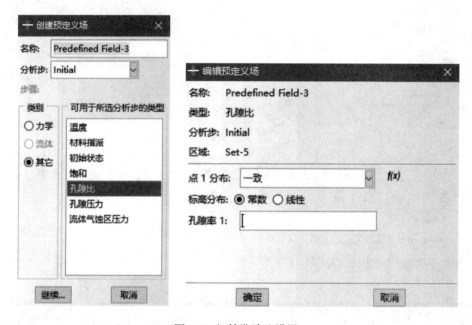

图 5-5　初始孔隙比设置

5.2.3.5　创建分析步

ABAQUS 中流体渗透-应力耦合分析的步类型为 Soils，单击【Continue】设置并创建两场耦合分析步。

5.2.3.6　分析步类型选择

分析步可以分为稳态分析步和瞬态分析步（见图 5-6），其中稳态分析步设置的流体流动速度、体积等都随时间不变化。瞬态分析步可以求解孔压、沉降随时间的变化过程。其中，瞬态分析步中载荷随分析步时间的变化是线性的，载荷默认为在分析步的一开始瞬间施加，并一直保持不变。

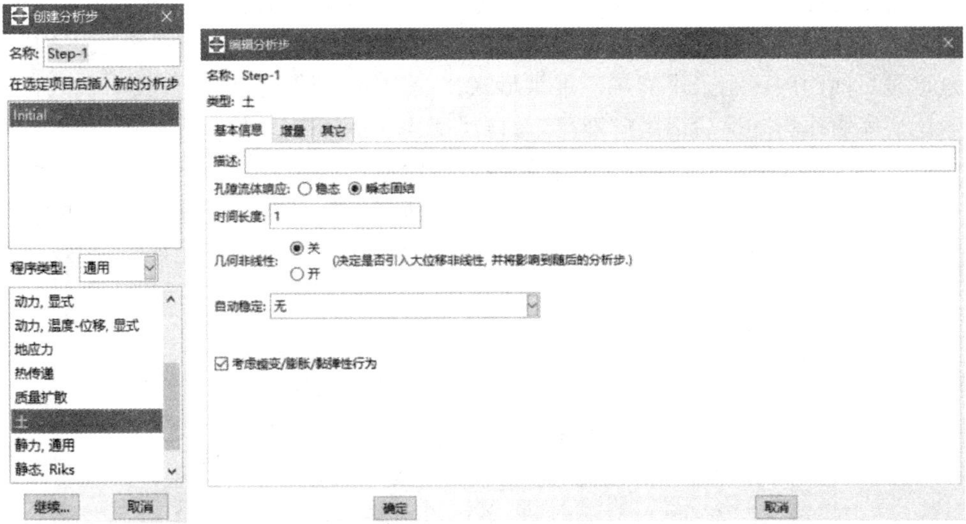

图 5-6 分析步类型选择

5.2.3.7 时间步长的选择

A 稳定时间步长最小允许值

在瞬态分析中，ABAQUS 用向后差分法求解连续性方程，从而保证了求解是无条件稳定的，但若时间步长过小，则会造成孔压的不正常波动，造成模拟失真或收敛困难。针对饱和渗流稳态分析给出的时间步长最小允许值为

$$\Delta t > \frac{\gamma_w(1 + \beta v_w)}{6EK}\left(1 - \frac{E}{k_g}\right)^2(\Delta l)^2 \tag{5-6}$$

式中，γ_w 为渗流液体容重，N/m^3；E 为尾矿的弹性模量，Pa；K 为尾矿的渗透系数，cm/s；k_g 为尾矿骨架的体积模量，Pa；Δl 为单元尺寸，cm；v_w 为孔隙流速，cm/s；β 为速度系数，采用达西定律，$\beta = 0$。

B 采用自动时间步长

在涉及估计计算时，为了节省计算时间，常采用自动时间步长，因为随着固结的进行，孔压的变化随之变小，相应的应该减少时间步长，达到节省计算时间的目的。

5.3 模型建立与计算分析

根据河北某矿山尾矿库的数据进行模型构建，将上一章节拟合的计算模型应用到实际模拟计算中去。

　　本尾矿库采用上游式堆坝法，工艺简单、管理方便并且费用较低，在实际监测中发现：该类尾矿库浸润线偏高，并且尾矿的层叠情况表现为"上粗下细"，这也是目前国内普遍采用的尾矿堆坝形式，使用该模型进行计算更具有代表性。本尾矿库由作为支撑后期尾矿堆存体的初期坝以及尾矿充填堆筑而成的堆积子坝组成（见图5-7），由于尾矿库处于初期运营阶段，堆积子坝为一座，选取尾矿库核心位置进行模型建立，基岩作为尾矿库的最底层，设置为不透水层，初期坝下游底部设置为透水出口（透水构筑物），其他的物理力学参数如表5-1所示。

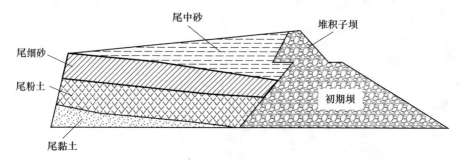

图 5-7　尾矿坝附近尾矿堆积情况

表 5-1　尾矿基本力学参数

试样种类	初期坝	尾中砂	尾细砂	尾粉土	尾黏土
孔隙比	0.68	0.85	0.71	0.78	0.86
含水率/%	12	12	21.7	26.3	19.1
泊松比	0.3	0.3	0.3	0.3	0.4
弹性模量/Pa	$80e^6$	$80e^6$	$60e^6$	$60e^6$	$20e^6$

　　计算模型中，渗透系数与孔隙比间的关系根据上文拟合的数学模型进行计算得到相应垂直渗透系数数值，如表5-2所示。

表 5-2　不同孔隙比垂直渗透系数　　　　　　　　　　　　（cm/s）

孔隙比	0.68	0.85	0.71	0.78	0.86
中性条件下渗透系数	0.000675763	0.002049	0.000822	0.001298	0.002187
酸性条件下渗透系数	0.000778474	0.002312	0.000943	0.001477	0.002465
碱性条件下渗透系数	0.000228938	0.000596	0.000271	0.000402	0.00063

尾矿其他基本力学参数如表 5-3 所示。

表 5-3 尾矿其他基本力学参数

尾矿种类	容重 /kN・m^{-3}	浮容重 /kN・m^{-3}	相对密度 G_s	有效内摩擦角 /(°)	有效黏聚力 C/kPa	基质吸力 /kPa
尾黏土	14.6	9.18	1.93	28	14	0
尾粉土	19.5	14.08	2.77	27	11	0
尾细砂	19.2	13.78	2.70	28	10	0
尾中砂	16.4	10.98	2.72	31	10	20
初期坝	20	20	2.75	36	30	0
堆积子坝	20	20	2.75	36	30	0

5.3.1 两场非耦合数值模拟计算

尾矿库在安全生产过程中不可能完全将水排尽，尾矿库的稳定性监测中，浸润线的观测是至关重要的，浸润线以下土体孔隙压力大，使土体的有效应力减小，降低了潜在滑移面的有效抗剪强度，如降雨入渗可以使边坡的稳定性急剧降低，所以浸润线也被称为尾矿库的"生命线"。浸润线的高低有很多因素影响，主要有材料的渗透性能、尾矿库内水位高低、干滩长度、坝体堆积形式以及坝体的排渗措施等。此类问题属于非饱和土渗流，即浸润面以下为饱和土，浸润面以上为非饱和土。

由于尾矿库整体形貌以及范围较大，难以完全进行模拟，本研究只为研究化学因素的施加对应力-渗流两场耦合情况的影响，所以选取尾矿库临近坝体的部分，通过孔隙压力分布模拟实际分布情况施加在模型边界上进行数值模拟计算，将结果对比分析，说明其影响作用情况。

使用 ABAQUS 初步计算，在不考虑渗透系数与孔隙比间的耦合关系和渗透系数水平与竖直差异的情况下，将孔隙压力为零以下的部分显示图谱颜色设为无色，便可得到孔压分布，如图 5-8 所示。

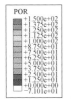

图 5-8 两场非耦合渗流各向同性条件下孔压分布情况

从流速分布图 5-9 中也可以看出，在非饱和区域，也就是图 5-8 的白色区域中存在着流线，说明流体从饱和区域进入非饱和区域并继续流动，坝体的排水设置点的流速普遍较大，此处易发生渗流破坏，应提出相应的排渗保护措施。

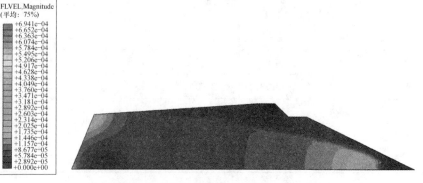

图 5-9　两场非耦合渗流各向同性条件下流速分布情况

5.3.2　渗流系数正交各向异性模拟计算

前文在取样过程中发现尾矿的沉积呈层状分布，主要是因为尾矿在水力作用下一层一层不断沉积形成，这导致渗流场在水平和竖直的渗透系数存在很大的差异，针对此现象进行研究的文献较多，渗透的各向异性对尾矿库的尾矿浆排放和降雨入渗补给的尾矿水具有明显的入渗阻碍作用，在实际过程中非常明显的现象是尾矿浆和降雨的雨水都不会立即导致浸润线上升，浸润线的变幅小于库水位的变幅。并且由于化学因素的存在，会产生化学於堵等现象，这也是水平与竖直渗透系数存在差异的原因之一，为了研究多层因素作用对尾矿库的影响，使用 ABAQUS 在材料属性设置时，将渗透系数设为正交各向异性并将水平渗透系数设为竖直渗透系数的 5 倍，设置材料的方向属性并将坐标赋予坝体，结果如图 5-10 所示。

图 5-10　两场非耦合渗流正交异性条件下孔压分布情况

与非耦合的数值计算结果对比可以发现，在引入渗透系数正交各向异性的设置后，尾矿库内的浸润线明显前移，安全系数下降。可以看出，普通数值计算忽略渗透系数各向异性的设置存在明显不合理之处，在存在化学淤堵、沉积分层的情况下，水平与竖直的渗透系数设置对模拟的结果存在较大的影响。

5.3.3 两场耦合数值模拟计算

通过上文的非耦合分析，可以看出浸润线分布以及流体渗流速度分布的基本情况。在耦合情况下，将渗透系数与不同孔隙比相结合，建立渗透系数与孔隙比间的数学关系，将上文总结的数学模型关系在 ABAQUS 中实现，耦合计算结果中浸润线的分布情况如图 5-11 所示，可以发现浸润线在耦合情况下更靠近尾矿坝边坡。

图 5-11 两场耦合渗流正交异性条件下孔压分布情况

将非耦合渗流正交同性的模拟曲线、非耦合渗流正交异性拟合曲线与耦合渗流正交异性拟合曲线绘制在图 5-12 中进行对比，可以直观看出浸润线位置的差别。其中可以明显看出，耦合渗流各向异性时的浸润线曲线位置最高。

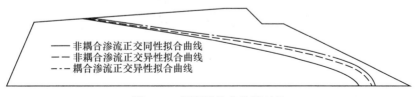

图 5-12 浸润线分布位置对比

5.4 化学因素影响下的耦合计算结果对比分析

在酸性和碱性条件下，计算模型中的渗流场与应力场的耦合直观表现为渗流系数与孔隙比之间的耦合，第 4 章的试验总结的不同孔隙比与渗透系数间的数学关系有所差异，将其分别带入模型进行计算，通过浸润线的模拟结果进行对比，可以得出直观的影响效果。

5.4.1 酸性环境下计算结果分析

酸性环境下浸润线（孔压为零处为浸润线位置）分布以及渗流速度分布分

别如图 5-13 和图 5-14 所示。

图 5-13　酸性条件下两场耦合渗流正交异性条件下孔压分布情况

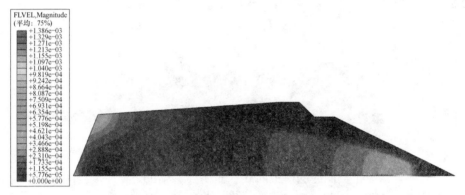

图 5-14　酸性条件下两场耦合渗流正交异性条件下流速分布情况

应力渗流耦合发生在酸性环境中时，将浸润线分布情况与上文中性液体耦合情况下的浸润线分布对比，可以发现浸润线明显降低，出现这种现象是因为相同孔隙比下渗透系数数值偏大。

从渗流场流速矢量图可以看出，在酸性条件下渗流场的渗流速度数值明显大于中性条件下的渗流场流速。

酸性条件下渗透系数增加，因为在酸性条件下尾矿的矿物成分、胶结物等细微成分发生溶解，表现为颗粒间的相互独立，孔隙变大。尾矿的形状和微观形貌发生变化，会导致渗流场液体的渗流速度增加，浸润线偏低，在排渗良好的情况下，有利于尾矿库安全运行。

酸性条件下尾矿的力学性质会发生变化，尾矿的黏聚力等力学参数都会降低，对尾矿库的稳定性仍存在不利影响，具体的影响分析涉及化学因素影响下尾矿试样各种力学参数变化的试验研究，这有待后续研究。

5.4.2　碱性环境下计算结果分析

碱性环境下浸润线孔压分布以及渗流速度分布分别如图 5-15 和图 5-16 所示。

图 5-15 碱性条件下两场耦合渗流正交异性条件下孔压分布情况

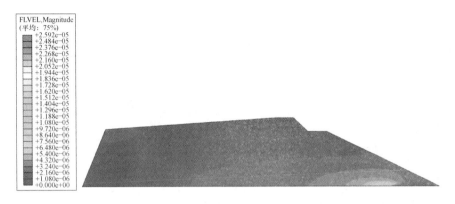

图 5-16 碱性条件下两场耦合渗流正交异性条件下流速分布情况

碱性条件下，浸润线明显超出尾矿坝下游坡面，这种情况表现为坡面出现出渗点，此时极易发生渗透破坏，渗流液体将会将细颗粒带走，随着细颗粒的减少，粗颗粒易形成架空结构，导致发生沉陷，沉陷造成边坡结构破坏，对尾矿库的稳定运行产生严重危害。

由于数值模拟结果中浸润线过高，在现场也可能会表现为流土破坏，即导致坝坡侵蚀，坝坡易发生局部失稳，致使更多的渗流水逸出导致侵蚀加剧，从而使得尾矿坝发生一系列的滑移破坏，最终可能导致尾矿库的溃坝。模拟中渗流速度过慢，现实中会表现为渗流场转移液体的能力下降，这容易出现遇到长时间降雨或者尾矿水过多时，尾矿库排泄受阻严重导致洪水漫顶等安全隐患。

通过第 3 章的试验发现，在碱性条件下颗粒间的孔隙会产生氢氧化铁、氢氧化铝、碳酸钙和氧化硅等物质使颗粒间产生胶结作用，以及空隙间会产生结晶物质，颗粒间的联系加强，这会对渗流场的渗流产生堵塞，表现为浸润线偏高，渗流场的渗流速度偏低。为了避免此种现象的产生，必须采用有效的排渗管道，在现场调研过程中，工人反映在矿山尾矿排放管道容易出现管道磨损或者腐蚀破坏的现象，并且更换管道过程复杂，一处破损后，往往需要管道整体进行更换，本研究在此基础上，申请了一项实用新型专利《便携式管道外壁环形切槽装置》，便于排渗、排放尾矿管道的修补，以此来增加排渗能力，达到降低浸润线的目的。

5.4.3 化学环境下计算结果对比分析

将中性条件下的浸润线模拟曲线、酸性条件下的浸润线模拟曲线、碱性条件下的浸润线模拟曲线绘制在同一图中进行对比（见图 5-17），其中碱性条件下的浸润线最高，已经超出了尾矿初期坝下游边坡，而酸性条件下的浸润线较低。

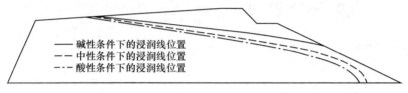

图 5-17 浸润线位置分布对比

为了进行酸性、碱性、中性环境下尾矿库内渗流情况的对比，针对孔压分布、饱和度分布以及流速分布情况进行布点监测，沿图 5-18 所示路径设置观测点，从单元编号 926 起始到单元编号 903 终止将获取的监测数据绘制成图，此外，饱和路径与渗流速度路径监测情况分别如图 5-19 和图 5-20 所示。

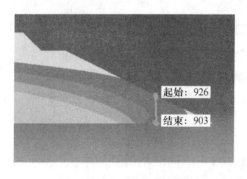

图 5-18 孔压分布路径点

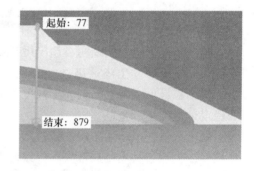

图 5-19 饱和度路径分布点

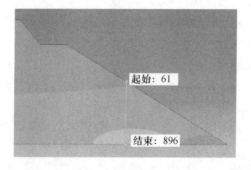

图 5-20 渗流速度路径分布点

从路径上的真实孔隙压强分布（见图5-21）可以看出，随着路径向下延伸，孔压逐渐增加，在碱性条件下，先到达零孔压处，说明在碱性条件下，尾矿坝排渗处液面相较于中性、酸性较高，排渗能力差；中性次之，酸性最后达到零孔压值，说明酸性条件下的排渗能力较强，浸润面最低。

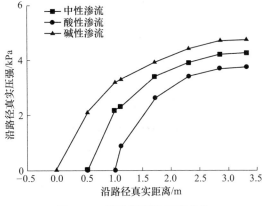

图5-21　沿路径真实压强变化

沿路径向下可以看出，饱和度随真实距离的增加而增加（见图5-22），其中碱性条件下先达到饱和条件，说明在所取的第二条路径上，饱和液面在碱性条件下最高，中性条件次之，酸性条件最低，三者液面差值接近于1m。

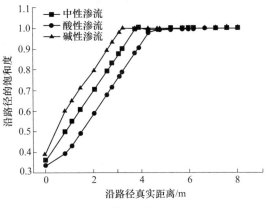

图5-22　沿路径饱和度变化

与浸润面和排渗能力相对应，从第三条路径上渗流速度的观测数据（见图5-23）可以看出，渗流速度随着真实距离的增加而增加，并且碱性条件下渗流速度总体最慢，酸性条件下渗流速度最快，这与上一章的室内渗透系数测试试验数据相互印证。

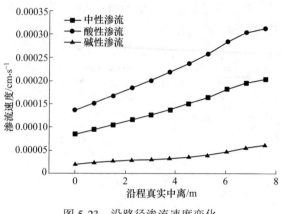

图 5-23 沿路径渗流速度变化

5.5 本 章 小 结

本章介绍了基于 ABAQUS 建立尾矿库计算模型以及计算中的注意事项，根据 ABAQUS 自身针对岩土工程计算的适用性，构建合适的应力-渗流耦合计算模型；通过建立孔隙比与渗透系数间的数学关系，在 ABAQUS 平台中实现定义随着深度增加而变化的渗透系数；通过化学因素作用下的孔隙比与渗透系数间的数学关系，可以实现对化学因素影响下的应力-渗流耦合机制的计算与研究。

通过数值模拟模型建立以及计算结果的对比分析，可以得到如下结论：

（1）数值模拟结果通过浸润线位置和渗流流速矢量的数值可以较明显地展示耦合、非耦合计算以及酸、碱耦合计算结果的对比差异。

（2）针对尾矿沉积分层的现象，将水平与竖直渗流系数差异化设置并进行代入计算，即设置材料参数时设置渗透系数为正交各向异性。从结果可以看出，渗透系数的设置对浸润线存在显著影响，是以后数值模拟计算不可忽视的因素。

（3）将应力-渗流耦合形式以渗流系数与孔隙比数学关系模型的形式导入有限元计算软件进行计算，可以得出与实际情况预期相符合的结果，通过参数设置变相实现了应力-渗流耦合在模型中的施加。

（4）在孔隙比相同的条件下，酸性环境下的渗透系数较大，碱性环境下的渗透系数较小，酸性条件下浸润线较低，碱性条件下浸润线较高，这与上章的试验结果相对应，渗透系数的大小影响浸润线的高低，化学条件不同的情况下应力-渗流耦合计算也存在明显差异。

6 尾矿库埋入式监测传感器
外壳腐蚀与防护研究

6.1 概 述

目前，我国金属矿山开采中以硫化物矿物比例最高，约占各类矿物总量的75%，尤其是铜、铅、锌等有色重金属矿床更为显著。硫化矿床的开采，构成了我国金属矿产来源的主体。此外，我国金属矿呈现出"小金属"矿产资源丰富，但存在大宗矿产资源储量不足、矿产资源分布不均、贫矿多、富矿少、单一矿种少、矿物共生与伴生关系复杂、有用矿物嵌布粒度细、金属品位低、矿物剥采比大等特点，从而产生大量的矿山固体废物。矿山固体废物的主要来源是采矿产生的废石和矿山选矿产生的尾矿。矿山废石的堆积和尾矿坝的构筑，不仅侵占大量土地和农田，而且大量的矿山废石、尾矿的排放，会严重破坏土地资源的自然生态环境，破坏自然景观，并且因其成分复杂，含有多种有害成分甚至放射性物质，严重污染水源和土壤，污染矿区和周围环境。据资料统计，有色金属矿山每采出 1t 矿石平均约产生 1.25t 废石，废石年产生量高达 1.06 亿吨，1949 年以来累计量高达 21.5 亿吨。有色金属矿山每采出 1t 矿石平均约产出 0.92t 尾矿，尾矿年产生量达 7780 万吨，累计量约 11 亿吨。大量的废石和尾矿等工业固体废弃物为了满足经济发展而被丢弃，我国现有三等以上大中型尾矿库约 500 座，占总数的 4.2%，四、五等小型尾矿库约 12000 座，占总数的 95.8%，总计共有尾矿库约 12600 座。现如今我国产出量最大的固体废弃物就是尾矿，它已对环境造成了重大影响，并存在很大的安全隐患。此外，尾矿产生量远高于其利用量，大部分产生的尾矿被堆存于尾矿库中未被利用，只有一少部分尾矿用于空区充填和建筑材料回收利用。

在矿床开采过程中产生大量的尾矿和废石选择露天堆存，在大气降雨的淋溶作用等外部环境因素和氧化硫硫杆菌、氧化铁硫杆菌等微生物的催化作用下，尾矿和废石中的硫和硫化物被氧化，便形成了含有硫酸和硫酸盐的矿山酸性废水。由于 pH 值较低并且含有许多重金属离子，矿山酸性废水酸性较强，会污染土壤，使土壤酸化、植物死亡等；也会腐蚀水泵、矿山中的管道、矿井设备和一些监测仪器及传感器，造成设备损坏。

　　随着陆地矿产资源的不断减少及人类需求量增大，金属矿产资源开采逐渐走向地表深部或者海洋、沿海地带。某些赋存于海底或者沿海地带的矿床，在开采和选别中产生的废石和尾矿等固体废物往往富含氯盐和硫酸盐，同样在露天堆存的外部环境作用和微生物的催化作用下会形成高浓度的盐卤水。

　　以上两种不同的化学环境下所产生的尾矿水，不仅对尾矿库周边环境中的土壤、地表水、地下水、植物和其他生物带来不良影响，引起环境问题和生态问题，而且当尾矿水渗入库区地面以下后，会对尾矿库埋入式安全监测仪器装备、金属管道及相关设施有着极大的腐蚀性，很容易导致相关设施的垮塌和损坏，大大降低了尾矿库安全监测系统的稳定可靠性能，因此每年需要在监测系统和传感器的防腐蚀与维护中投入大量的财力、物力与人力，来保证尾矿库监测系统的安全可靠运行。

　　因此，急需寻求一种尾矿库监测传感器外壳或护套材料，研究其在极端的酸性、盐卤性等环境下具最优的腐蚀防护方案。研制开发耐腐蚀、高可靠稳定的大型高尾矿库安全综合监控仪器装备，以减轻腐蚀程度和降低维护的成本，实现对尾矿库坝体内部位移、表层位移、超静孔隙水压力、尾矿含水量、浸润线、库水位、排渗流量、降雨量等参数的综合测量，进而保证尾矿库监测系统安全高效稳定的运行。

6.2　矿山酸性废水和盐卤水研究概况

　　矿山酸性废水问题是全球采矿业面临的最严重的环境问题之一，我国的金属矿山大部分是原生硫化物矿床，堆弃在废石场内的硫化矿物经长期自然氧化、雨水淋溶作用，产生大量富含 H^+ 和金属离子的硫黄水（矿山酸性废水 AMD）对矿区及其区域环境具有长期危害。矿山酸性废水具有 pH 值低、氧化性强、重金属离子浓度大、成分复杂、污染面广、影响时间长、强腐蚀性等特点。李军民等为了解决深部铜矿矿山混凝土支护被井下酸性水腐蚀破坏的问题，对井下酸性水的形成机理进行了分析研究，并对矿下腐蚀严重区域进行取样，对酸性水的强度进行了检测。根据检测结果可知，深部铜矿井下酸性水 pH 值为 2.79~3.51，属于强酸性溶液。根据酸性水中的主要成分，分析了酸性水对井下混凝土的腐蚀机理，酸性水对混凝土的腐蚀破坏主要表现为钙矾石结晶破坏和石膏结晶破坏。雷兆武、孙颖等对 pH 值为 1.62~2.7 的矿山酸性废水的重金属沉淀进行了分离研究，并提出了一种矿山酸性废水重金属沉淀分离工艺。J. A. Galhardi、D. M. Bonotto 等研究了巴西某煤矿采区两个采样期（干燥：pH 值为 2.94~6.04；多雨：pH 值为 3.25~6.63）的地下水，结果表明，经过硫化矿的氧化作用，产生了矿山酸性废水，渗透进入地表以下。饶运章等以某黄铁矿废石场酸性废水

（1990 年该废石场淋浸水 pH 值为 1.69）重金属污染监测情况为例，介绍了废石场酸性废水污染现状，探讨了硫化矿物氧化机理、酸性废水重金属迁移转化规律和时空分布规律。李学金等基于某铁矿尾矿库酸性废水 pH 值（为 2.43）较低，硫酸根和重金属含量较高的特点，使用两段中和法处理矿山酸性废水，即首先用矿物或废渣作中和剂将废水的 pH 值提高到 4.0 左右，再用石灰乳进行中和。李广胜对江西德兴铜矿矿山酸性废水（pH 值为 2.4~3.8）和选矿厂碱性废水进行了研究，采用在尾矿库内进行中和，反应沉淀的方案进行综合治理。

盐卤水是一种富含氯盐（NaCl、KCl、MgCl$_2$）、硫酸盐（MgSO$_4$、Na$_2$SO$_4$、CaSO$_4$）含量次之、其他盐类（CaCO$_3$、NaHCO$_3$）微量的溶液，矿化程度高。某些赋存于海底或者沿海地带的矿床，重金属含量和硫化物含量也很高，在开采和选别中产生的废石和尾矿等固体废物往往富含氯盐和硫酸盐，在进入尾矿库后并且在露天堆存的氧化、雨水淋溶等作用下会形成高浓度的盐卤水。盐卤水具有一定的腐蚀作用，主要是由于氯盐和硫酸盐的物理化学腐蚀造成的。李春福等为保障我国高矿化度油气田开采和卤水综合利用过程的安全，采用失重法、扫描电镜、能谱分析和交流阻抗测试技术研究了碳钢在高矿化度卤水中的腐蚀行为。董彩常等用腐蚀挂片试验方法研究了 304 不锈钢在盐湖卤水（pH 值为 5.7）中暴露 2a 的腐蚀行为，并运用室内电化学试验方法研究了其电化学行为。结果表明：盐湖卤水浸泡 2a 后，304 不锈钢腐蚀速率为 0.0003mm/a，主要表现为点蚀，试样侧面加工缺陷处存在较深的点蚀坑；在卤水中浸泡 768h 后，304 不锈钢表面钝化膜局部被破坏，出现点蚀孔。刘秋艳等针对碳钢材质的卤水（pH 值为 7~11）长输管道存在的腐蚀问题，经过数据采集以及原因分析，对环境因素、防腐介质、管道材质，以及工作介质控制 pH 值等研究，确定出更加经济合理的腐蚀防护措施。龚敏等采用电化学测试方法，研究了 2205 双相不锈钢在不同的 S^{2-} 浓度、CO$_3^{2-}$ 浓度、pH 值和流速的盐卤介质中的腐蚀行为。结果表明，在盐卤介质中 S^{2-} 浓度和 pH 值对 2205 双相不锈钢的耐蚀性能影响较大，而 CO$_3^{2-}$ 浓度和流速对其影响较小。

本研究将 pH=1.5 的极端酸性环境作为尾矿库埋入式监测传感器外壳或护套材料（不锈钢基材）腐蚀试验模拟液的最低 pH 值环境，极端盐卤环境 pH=7.5 的山东黄金矿业有限公司焦家金矿海水作为最高 pH 值腐蚀模拟液环境来模拟真实腐蚀试验环境。

6.3 尾矿库监测传感器腐蚀研究概况

尾矿库是矿山企业的重大灾害危险源。近年来，国内尾矿库溃坝事故时有发生，使下游居民生命和财产安全及周围环境受到了极大威胁。尾矿坝溃坝灾害安全防控体系中，埋入式防灾监测仪器或传感器必不可少，起到了关键作用。尾矿库溃坝灾害防控所需监测仪器一般有：尾矿含水量测量仪、浸润线测量仪、干滩长度测量仪、库水位测量仪、排渗流量测量仪、降雨量测量仪、地表位移测量仪、孔隙水压力测量仪和土压力测量仪等。这些仪器都装有各类传感器，如尾矿坝光纤光栅位移传感器、压力传感器、温度传感器及应变传感器等。在监测仪器埋入地下后，由于尾矿中的化学添加剂具有腐蚀性，或者尾矿自身的腐蚀性，因此，研究传感器在极端环境下的腐蚀，具有重要意义。

关于传感器材料的选用，许多学者也做了相关方面的研究。众多传感器及其壳体材料为了抵抗高温高压、强酸强碱、干湿交替等恶劣环境，都采用不锈钢作为基材。吴凌慧设计研究了一种高温高压差传感器，由于传感器需要耐盐雾、湿热等恶劣环境，所以传感器采用全密封不锈钢结构。该结构具有耐力学环境、耐湿、耐电磁干扰等特点。陈芳芳结合国内外现状，讨论了一种综采工作面位移传感器的设计方法，对于传感器管身，需要具备一定的防锈性能，而且由于其可能在高温环境使用，因此可以选用 304 不锈钢。该材料在运用中有着良好效果，除了防锈、耐高温表现好以外，对无机酸、碱溶液等都有良好适应能力。赵雪峰等为了抵抗光纤光栅应变传感器在混凝土碱性环境下的腐蚀现象，研究了一种光纤光栅应变传感器的工字型钢片的封装工艺。吴凌慧等为了解决高温恶劣环境下压力测量问题，设计了一种大压力、高过载、耐高温、耐恶劣环境的小体积压差传感器。此传感器将双路敏感元件与信号处理电路整体封装在不锈钢壳体内。

关于传感器在恶劣环境下的腐蚀状况，也有相关方面的研究。谭翔飞等研究了铜薄膜传感器在腐蚀环境下的耐蚀性能，及腐蚀后的疲劳裂纹监测性能。刘峥以电气传感器用单晶硅为对象，研究其在 TMAH 溶液中的腐蚀现象，分析化学腐蚀条件下单晶硅的微观形貌演化。结果表明，在 TMAH 溶液中腐蚀后，单晶硅的倒金字塔结构中有刻蚀坑出现，且随着腐蚀时间的延长，倒金字塔结构的体积增大。马伟分析了一种充油式压力传感器在海水中应用失效的案例，分析了传感器的失效原因，给出了改进措施，并采用 316L 不锈钢作为测试基本材料，通过快速腐蚀试验验证了传感器的失效机理和改进措施的有效性。邵维进研究了一种新研制的耐腐蚀温度传感器，采用最新的技术在不锈钢外壳喷上特殊的 SEBF 防腐涂料。这种温度传感器在工业生产使用过程中表明，它不容易被工业中含有酸性的、碱性的、盐的化学成分所腐蚀，延长了传感器的使用寿命，它比铜、铜镀镍、铜镀铬、不锈钢外壳的传感器使用时间长，解决了传感器被腐蚀的问题。

如图 6-1 所示，振弦式渗压计是一种测量渗流水或静水压力的传感器，振弦式孔隙水压计是一种测量地基深层孔隙水压力的传感器，LVDT 差动变压位移传感器、DM-100 振弦式应变计等几种传感器主要部件和外壳材料均采用 316L 不锈钢，适合恶劣环境使用。因此，本课题选用具有优良耐蚀性能的 316L 不锈钢作为尾矿库埋入式监测仪器及传感器外壳的腐蚀和防护试验基材。

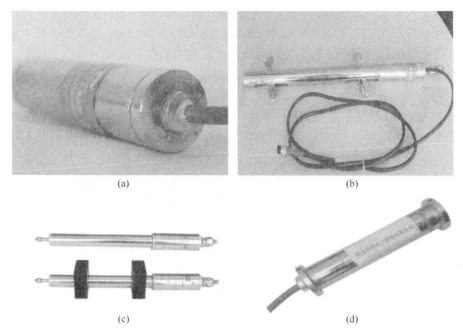

(a)   (b)

(c)   (d)

图 6-1 尾矿库监测用不锈钢外壳传感器
（a）振弦式渗压计；（b）振弦式孔隙水压计；（c）LVDT 差动变压位移传感器；
（d）DM-100 振弦式应变计

6.4 国内外电化学腐蚀研究现状综述

6.4.1 国外研究现状

20 世纪 30 年代，德国 Wanger 率先将酸性溶液中发生的腐蚀反应，如 $Fe \rightarrow Fe^{2+}+2e$，$2H^+ + 2e \rightarrow H_2$ 的反应速度作为电位的函数，分别独立的求出极化曲线，再把它们结合在一起预测腐蚀速度，并且进行了锌和汞在酸性溶液中的实验，结果表明腐蚀速度与实际测得的值很接近。20 世纪 40 年代，比利时科学家提出水溶液中金属的平衡电位与环境值之间的关系，即电位-pH 图。根据电位-pH 图，从热力学角度可预测出金属的腐蚀区、免蚀区和钝态区。1945 年，美国学者 J. H. Bartlett 用恒电位仪研究硫酸溶液中铁的阳极瞬变现象时证实了外加电流阳极极化使钝态后的铁溶解停止，这是最早发现的阳极保护现象。1954 年，C. Edeleana 证明了阳极保护工业应用的可行性，并且在一个以硫酸为介质的小型不锈钢锅炉上进行了研究试验。20 世纪 70 年代，E. Pelboin 提出应用交流阻抗技术来测量金属腐蚀的方法，这是首次把交流阻抗技术应用到测量金属腐蚀方面。Kelsall 等人通过对惰性电极的阻抗-时间图分析，得到惰性电极表面的腐蚀行为和机理，并以此建立了惰性电极腐蚀的数学模型。R. P. Vera 等对不锈钢干湿交替环境下腐蚀行为进行了研究，得到交流阻抗技术对金属的腐蚀过程可以不受电极表面电流不均匀因素的影响，可以清晰地反映出钝化、点蚀以及再钝化等过程。

20 世纪 70 年代，Heuesler 等率先提出点蚀的吸附机制，该机制是由于氯离子和氧离子的相互竞争吸附所提出的。氯离子的吸附导致钝化膜减薄，金属缓慢地活性溶解。虽然钝化膜是多层结构，不是一层吸附的氧结构，但是吸附机制仍然有其意义。点蚀的渗透机制是侵蚀性较强的卤素离子穿过了钝化膜到达金属或氧化物界面导致金属溶解。而点蚀的膜破裂机制是在考虑钝化膜在溶液中连续破裂与修复，在薄弱位置及缺陷处机械应力可能导致钝化膜的破裂，进而萌生点蚀，但是只有在具备稳定生长条件的膜破裂位置最终才能形成稳态的点蚀。点蚀的生长主要决定于体系的温度、溶液浓度、合金成分、蚀坑底部的电位等因素。

Galvele 提出点蚀稳定生长存在一个临界的点蚀坑深度与点蚀电流密度的乘积关系。随后大量学者证实在氯离子溶液中不锈钢表面稳定的点蚀稳定积约为 0.3～0.6A/m，点蚀坑的尺寸与其点蚀坑内部的电流密度成反比。Y. Zhu 等和 Gonzalez-Garcia 等采用了扫描电化学显微镜技术分别研究了不锈钢的点蚀萌生和不锈钢点蚀的早期过程。研究表明，当不锈钢在高电极电势下极化时存在亚稳态点腐蚀，当探针扫描经过点蚀区域时，从腐蚀点析出的亚铁离子上观察到亚稳态点蚀。

国外学者 H. Iken 用电化学方法如极化曲线、电化学阻抗谱和 SVET 研究了在磷酸溶液中不锈钢的腐蚀行为，SVET 数据分析表明不锈钢表面发生了局部腐蚀且电流密度随着温度的增加而增加。B. Vuillemin 提供了研究 316L 不锈钢中夹杂物点蚀行为的一种新方法，通过微毛细管注入 $NaCl$、H_2SO_4、HCl 等腐蚀性溶液调整局部化学成分，结果表明，当只注入盐酸时单个点蚀出现，硫酸的注入只是部分溶解夹杂物，当注入 $NaCl$ 溶液时其表面形貌未受影响。

在 20 世纪 80 年代，国外学者 H. S. Isaacs 等用 LEIS 对材料进行研究。到 20 世纪 90 年代 R. S. Lillard 等将扫描技术和 LEIS 相结合产生定量 LEIS 的新方法，用于检测金属表面的阻抗变化，从而提高了该技术的空间分辨率。F. Zou 和 D. Thierryt 用 LEIS 研究了不锈钢的点蚀，研究结果表明 LEIS 是研究不锈钢点蚀的有效工具，能提供不锈钢点蚀萌生动力学的相关信息。

6.4.2　国内研究现状

20 世纪 60 年代，我国首次将阳极保护方法应用于碳铵生产中的关键设备碳化塔上，并大力推广到全国大中小型化肥厂。目前，国内普遍使用的电阻法腐蚀速度测试仪是 DFJ-2 型腐蚀测定记录仪,由兰州炼油厂仪表分厂生产,可以测出水处理的不同阶段和特定条件下的腐蚀数据。赵永韬等人通过现代移动通信网络,运用恒电量技术,开发出分布式数据采集与信息处理系统,能够利用 GPRS 远程通信监测腐蚀状况。浙江大学的曹发和、张昭等人应用汇编语言,采用傅里叶算法成功编制出电化学噪声分析软件,该软件能够对实验室现有的电化学工作站所采集的电化学噪声进行分析,得到功率密度谱(SPD),并使用线性最小二乘法计算出相应的特征参数,由此得到点蚀判据 SE 和 SG,并通过对理论结果与实验结果的对比分析来验证软件的正确性。芮玉兰采用交流阻抗谱法研究了中性自来水介质中苯、钼酸钠及三氮唑的缓蚀机理,并得到了最佳浓度组合。范国义等运用交流阻抗法对循环冷却水系统中凝汽器的黄铜管的腐蚀问题进行了研究,研究结果表明交流阻抗法能够有效地评定凝汽器黄铜管的耐腐蚀性能,该结果可对现场腐蚀进行监测,提供理论指导。胥聪敏等应用动电位扫描、开路电位、扫描电镜、电化学阻抗等技术研究了 316L 不锈钢在硫酸盐还原菌溶液中的腐蚀电化学行为,分析了炼油厂冷却水系统微生物腐蚀的特征及机制。熊惠采用电化学方法研究了 22Cr 双相不锈钢在管道中的缝隙腐蚀行为,并进行了不同温度条件下的缝隙腐蚀试验。范少华运用恒电位动态法得到不锈钢在不同浓度硫酸溶液中的阳极极化曲线,并得到了不锈钢在不同浓度的酸性溶液中的钝化参数,为以后研究不锈钢的腐蚀与防护提供了指导。潘莹利用两种电化学动电位再活化法检测了不锈钢在酸性介质中的敏化度,分析了热处理的温度和时间对不同条件下不锈钢材料敏化度的影响,结果表明,在敏化度方面,双环 EPR 法优于单环 EPR 法。

樊玉光等运用电化学方法研究了 316L 不锈钢和 22Cr 双相不锈钢在盐酸、硫酸、氢氟酸和含氯离子的磷酸酸性溶液中的均匀腐蚀性能,研究表明,双相不锈钢的耐均匀腐蚀性能优于不锈钢。陈丽研究了埋地输油管道的均匀腐蚀问题,推导出基于点蚀和片蚀的管道腐蚀剩余寿命的计算公式,对管道腐蚀剩余寿命分析与计算提供了一定的帮助。魏宝明、郝凌对 18-8 奥氏体不锈钢蚀孔的均匀腐蚀行为进行了分析,运用定量方法研究了蚀孔内溶液浓度与温度对孔蚀扩展速率的影响。得到了不锈钢试样在蚀孔内溶液中的极化曲线,并对极化曲线的塔菲尔区进行处理,获得了理想极化曲线和自腐蚀电流密度曲线,并详细探讨了孔蚀再钝化的条件。张鹏辉和杨仕豪应用极化曲线测量方法对铁和碳钢在不同浓度的 KOH 浓碱溶液中的阳极极化行为进行了研究,发现铁和碳钢在强碱溶液中呈钝化金属特性。夏春兰等使用线性扫描伏安法和 TAFEL 方法,测定了铁阳极极化曲线,得到铁在不同介质中的自腐蚀电位、电流及钝化电位等基本参数,并讨论了氯离子、pH、缓蚀剂对铁的腐蚀和钝化膜的影响。姜应律研究钛合金 TC4 在水和 NaCl 溶液中的极化曲线,得到铁合金阴极在水溶液中析氧的过程比阳极氧化过程反应迅速。张普强采用交流阻抗技术研究和分析了 304 不锈钢在含氯弱碱性溶液中的点蚀机理。周开梅采用稳态阳极极化曲线法对 1Cr18Ni9Ti 不锈钢在含 Cl^- 及 HCO_3^- 溶液中的腐蚀行为进行了研究。当 Cl^- 浓度比高于临界浓度比时，HCO_3^- 缓蚀作用很明显；低于临界浓度比时，HCO_3^- 抑制作用不明显。

林昌键运用电化学扫描隧道显微技术研究了不锈钢早期点蚀发生的过程。研究结果表明，在开路电位情况下，Cl^- 零散的分布在不锈钢表面，致使钝化膜局部发生破坏，造成钝化膜晶粒表面粗糙化，这就是点蚀形成机理，在点蚀形成的早期阶段，不稳定微点腐蚀开始发生，随着不稳定微点腐蚀的变大，不锈钢表面形貌也发生了变化，一般情况下，极化电位越正，不锈钢钝化膜的微点腐蚀越易发生。

程学群等应用电化学阻抗方法研究了 316L 不锈钢在 $25 \sim 85℃$ 的醋酸溶液中的腐蚀电化学行为和钝化膜的电化学性质，得到了 EIS 曲线、Mott-Schottky 曲线及各温度点下的循环伏安曲线，研究表明，在 $25 \sim 85℃$ 温度范围内，316L 不锈钢在醋酸溶液中能够形成稳定的钝化膜，同时，随着溶液温度的升高其极化阻力随之下降，界面电容反而增大。温度对 316L 不锈钢钝化膜的半导体本征性质影响很小：处于 $-0.5 \sim 0.1V$ 和 $0.9 \sim 1.1V$ 电位区间的钝化膜表现为 p 型半导体特征；而处于 $0.1 \sim 0.9V$ 电位区间的钝化膜表现为 n 型半导体特征；钝化膜的临界温度为 $55℃$，低于 $55℃$ 时钝化膜结构比较稳定，当超过 $55℃$ 时钝化膜稳定性开始下降。

6.5　腐蚀电化学原理与方法

6.5.1　金属电化学腐蚀原理

在金属和周围介质（主要是水溶液电解质）接触时，若界面之间发生了有电子转移的氧化还原反应，从而使金属受到破坏的过程称之为电化学反应。金属是由相对位置固定的金属原子和自由运动的电子组成的。当把金属置于离子介质中时，由于金属中自由电子的存在，金属被氧化失电子的过程和介质中的物质被还原得电子的过程可以同时在金属表面的不同部位发生。伴随着电子导体和离子导体之间的电荷转移，而在两相界面（金属表面）上发生的化学反应称为电极反应。金属被氧化成为正价金属离子而进入介质中或者因难溶而留在金属表面的这一过程称为阳极反应。被氧化的金属所失去的电子通过金属导体流向金属表面的另一部位，被这一部位介质中的还原物质所接受，降低了其价态，这一过程称为阴极反应。通过电极反应过程而发生的腐蚀就是我们所说的电化学腐蚀。电化学腐蚀是腐蚀作用中最为严重的，电化学腐蚀只有在介质中存在离子导体时才会发生。但即便是纯水，也是具有离子导体的性质的。在水溶液中一般溶有 O_2，

此时所发生的电化学腐蚀为

$$\text{阳极：} \qquad Fe \longrightarrow Fe^{2+} + 2e \qquad (6-1)$$

$$\text{阴极：} \qquad O_2 + 2H_2O + 4e \longrightarrow 4OH^- \qquad (6-2)$$

$$\text{进一步反应：} \qquad Fe^{2+} + 2OH^- \longrightarrow Fe(OH)_2 \qquad (6-3)$$

$$\text{总的反应：} \qquad 2Fe + O_2 + 2H_2O \longrightarrow 2Fe(OH)_2 \qquad (6-4)$$

6.5.2　金属腐蚀电化学测试方法

金属的腐蚀问题遍及各行各业，不仅造成了资源的严重浪费，阻碍经济增长，而且在工业生产过程中易导致较大的安全隐患，对人身和财产安全造成巨大威胁。因此为了提高金属的耐腐蚀性，世界范围内的学者掀起了一股研究金属及合金在各种环境中的腐蚀行为以及最大限度提升材料耐腐蚀性的热潮。为了研究腐蚀过程的原理，揭示过程中具体的腐蚀行为特征，各种分析检测方法必不可少。腐蚀研究中主要的研究方法包括以 X 射线衍射、金相显微镜及扫描电镜分析为主的表面分析技术，研究腐蚀速率则有失重法、盐雾试验法以及电化学分析技术。电化学测试技术因具有操作简单、测量耗时短、对材料损害小、测量结果精确和获得的电极腐蚀动力学信息全面等优点，被广泛应用于腐蚀科学的研究中。

6.5.2.1　重量法

重量法是根据金属腐蚀前后质量的变化来评定金属腐蚀程度的大小。失重法就是根据腐蚀后试样质量的减小量，用式（6-5）计算腐蚀速度的方法：

$$v_1 = \frac{m_0 - m_1}{St} \qquad (6-5)$$

式中，v_1 为腐蚀速度，$g/(m^2 \cdot h)$；m_0 为试样腐蚀前的质量，g；m_1 为试样腐蚀后清除腐蚀产物后的质量，g；S 为试样表面积，m^2；t 为腐蚀时间，h。

此方法适用均匀腐蚀而且腐蚀产物完全脱落或者容易清除的情况。

当腐蚀试样质量增加而且腐蚀产物完全牢固地附着在试样表面时，可用增重法公式（6-6）计算腐蚀速度：

$$v_2 = \frac{m_2 - m_0}{St} \qquad (6-6)$$

式中，v_2 为腐蚀速度，$g/(m^2 \cdot h)$；m_2 为带有腐蚀产物的试样的质量，g。

6.5.2.2　开路电位法

开路电位法是将金属或合金浸泡在腐蚀溶液中，连接电化学测量电路，在没有外电流通过的情况下，测得的稳定电位即为开路电位。通过测量开路电位可研究金属或合金的腐蚀和钝化情况，且方法操作简单，由于没有电流通过，不会造成极化，也有利于保护材料。黄美玲利用开路电位法研究了镀锌层经钝化处理生成的含三价铬钝化膜的耐腐蚀特性，测试前分别采用 TRI-V 120 三价铬蓝白钝化剂、TRI-V 121 三价铬蓝白钝化剂以及 Spectra MATETM25 三价铬彩色钝化剂对样品进行钝化处理。由三种钝化处理得到的开路电位曲线可知，由于钝化层的溶解，电位在开始阶段都逐渐下降，最后当钝化膜全部溶解，电位趋于稳定，因采用 Spectra MATETM 25 三价铬彩色钝化剂的样品达到稳定电位的时间明显高于另两种钝化剂，因此可断定 Spectra MATETM 25 三价铬彩色钝化剂处理的样品耐腐蚀性最好。但通过升高溶液的 pH 至一定值使得溶液腐蚀能力减弱，因此很难对钝化膜进行破坏，此时给开路电位法评价其耐腐蚀性带来困难。李莎利用开路电位曲线，比较了 Q235 钢以及通过等离子喷涂 TiN 的 Q235 钢基体以及不锈钢在模拟海水中的耐腐蚀性能。在浸泡初期，基体的开路电位稍微上升，这是因为在浸入溶液中形成了一层很薄的钝化层，但会迅速被破坏，使电位趋于平衡。涂有TiN 涂层和不锈钢的开路电位迅速下降，说明表面的钝化层被很快破坏，使腐蚀性物质渗入，且随时间的延长，电位趋于稳定，通过稳定电位的比较可判断 TiN涂层耐腐蚀性能的优越性。

6.5.2.3　动电位测量法

动电位测量法是通过极化曲线分析金属与合金的耐腐蚀性、金属溶解与钝化过程的一种应用较广泛的电化学测试方法。主要包括极化曲线法和循环伏安法等，由稳态极化曲线位置和形状等特征可分析腐蚀过程电化学行为特征和一些重要的腐蚀行为参数，对腐蚀过程进行解析，判断耐腐蚀性能。极化曲线测试方法如图 6-2 所示。

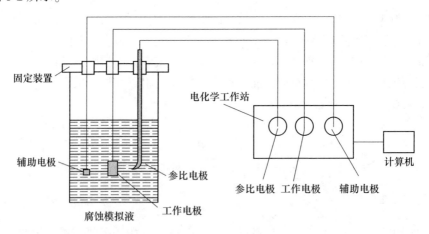

图 6-2　极化曲线测试方法

极化曲线法是基于线性极化法发展而来的，线性极化法是由 Stern 和 Geary 于 1957 年提出并发展起来的一种快速高效的腐蚀速度测试方法。它是在腐蚀电位附近进行极化，利用极化电流与过电位呈现的正线性关系，求出斜率 R_p（极化阻抗），然后利用腐蚀电流与极化曲线在腐蚀电位附近的斜率 R_p 成反比的关系，依据 Stern-Geary 公式求出腐蚀电流密度，随后求出腐蚀速度。其中 Stern-Geary 公式如下：

$$\frac{\Delta I}{\Delta E} = I_{corr} = \frac{B}{R_p} \tag{6-7}$$

式中，ΔI 为极化电流；ΔE 为极化电位；I_{corr} 为腐蚀电流密度；R_p 为极化电阻；B 为常数，$B = \dfrac{\beta_a \beta_c}{2.303(\beta_a + \beta_c)}$；$\beta_a$，$\beta_c$ 分别为阳极和阴极反应过程的 Tafel 常数。

极化曲线法是进行强极化得出极化曲线，然后运用塔菲尔直线外推法求出金属的腐蚀电位和腐蚀电流密度，从而判断金属腐蚀信息的方法。在强极化条件下，当极化值的绝对值达到很大时，一个电极上的 99% 以上腐蚀过程中电极反应的信息将会表达，而另一个电极反应的信息表达量则低于 1%。所以金属腐蚀时出现电极极化值的绝对值越大，其中一个电极反应的信息量越大，相对的另一个电极反应的信息量越小，因而忽略信息量小的电极反应，视为被腐蚀金属的表面只有一个电极在进行反应。完整的极化曲线如图 6-3 所示，其包括线性极化区（AB 段）、弱极化区（BC 段）和强极化区即塔菲尔区（CD 段）。对阳极极化曲线和阴极极化曲线作切线，即塔菲尔直线，相交于 O 点，此点所对应的电位即为腐蚀电位 E_{corr}，对应的电流密度就是腐蚀电流密度 I_{corr}，同时可用软件拟合塔菲尔直线斜率求得 β_a 和 β_c，从而求解 B 值。

Zheng 通过分析 Ti16Nb4.0Sn、Ti16Nb4.5Sn 和 Ti16Nb5.0Sn 的阳极极化曲线，研究三种合金的耐腐蚀行为。首先，在 pH = 7 的 Hank 平衡盐溶液中，阳极极化曲线大致相同，故三种合金都表现出了钝化以及过钝化行为，而在 0.9% NaCl 溶液中表现出不同的钝化行为，随着合金中 Sn 含量的增加，钝化电流也随着增大。通过研究不同 pH 值下合金的极化曲线，无论在 Hank 平衡盐溶液还是 NaCl 溶液中，pH 值的变化对 Ti16Nb4.5Sn 和 Ti16Nb5.0Sn 合金的耐腐蚀性均影响不大，但是对 Ti16Nb4.0Sn 的耐腐蚀性产生微弱影响。陈君通过比较 TC4 钛合金分别在静止状态以及有摩擦存在的条件下的极化曲线得出有摩擦存在情况下的极化曲线与无摩擦的静止条件下的极化曲线相比，自腐蚀电位减小，腐蚀电流增大，说明摩擦作用使 TC4 钛合金耐腐蚀性能降低。但两种条件下的极化曲线均有明显的钝化现象，说明 TC4 钛合金在钝化层被破坏的情况下可迅速恢复。

6.5.2.4　电化学阻抗谱技术

电化学阻抗谱技术（EIS）作为频率域的一种测量手段，具有对电极系统影

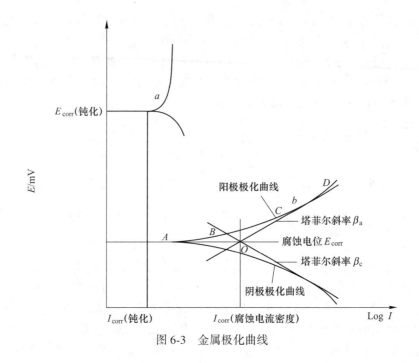

图 6-3   金属极化曲线

响小等优点，是研究电极过程动力学和电极表面状态的有用工具。电化学阻抗技术在实验室中已是一种完善、有效的测试方法，在腐蚀（监测）中也日益引起人们的重视。电化学阻抗谱法即对电化学体系施加一个小波幅（一般小于20mV）、宽频率（一般为 $10^2 \sim 10^5$ Hz）的正弦交流扰动信号，然后测试体系所对应的响应信号，得到阻抗谱或导纳谱，再通过数值模拟或等效电路拟合分析处理，以了解电化学体系信息的一种方法。它是一种暂态频谱分析技术，由 Dawson 和 John Searson 最早提出并运用。由于其施加的小波幅、宽频率的正弦交流扰动信号有助于腐蚀体系保持原有的稳定状态，不会对电极表面状态造成严重破坏，能有效表征多相非均匀介质中的电化学反应机理。同时能够确定电极反应各步骤的电化学参数和电化学反应的控制步骤，测量频域的宽范围有助于获得全面的动力学和电极界面结构的信息。

曹楚南等研究了氯离子对钝态金属电极阻抗的影响，分析了 304 不锈钢钝化—过钝化区中电化学阻抗谱的变化，提出了不锈钢钝化—过钝化的半导体模型。在此基础上，进行了 304 不锈钢的过钝化—二次钝化的研究，都取得了满意的结果。Betova 等用电化学阻抗谱技术研究了奥氏体不锈钢 904L，254SMO 及 654SMO 在 0.5mol/L H_2SO_4+0.5mol/L NaCl 溶液中过钝化溶解行为，阐明了 pH 值、Cl^-、SO_4^{2-} 对不锈钢过钝化的溶解机理。电化学阻抗谱技术作为研究界面电化学特征、揭示腐蚀机理的有效手段，已得到了很广泛的应用。不过将其应用于晶间腐蚀的研究还不是很多, Ching-An Huang 等采用稳态极化、电化学阻抗技术研究了 304 不锈钢在过钝化区的晶间腐蚀行为, 指出利用阻抗谱技术评价不锈钢晶间腐蚀敏感性比极化曲线更准确。

6.6 金属常用的防护方法概述

在实际工程中, 防腐蚀主要措施有:

(1) 电化学保护法。分为阴极保护法和阳极保护法。阴极保护法是最常用的保护方法, 又分为外加电流和牺牲阳极。其原理是向被保护金属补充大量的电子, 使其产生阴极极化, 以消除局部的阳极溶解。适用于能导电的、易发生阴极极化且结构不太复杂的体系, 广泛用于地下管道、港湾码头设施和海上平台等金属构件的防护。阳极保护法的原理是利用外加阳极极化电流使金属处于稳定的钝态。阳极保护法只适用于具有活化-钝化转变的金属在氧化性介质 (如硫酸、有机酸) 中的腐蚀防护。在含有吸附性卤素离子的介质环境中, 阳极保护法是一种危险的保护方法, 容易引起点蚀。在建筑工程中, 地沟内的金属管道在进出建筑物处应与防雷电感应的接地装置相连, 不仅可实现防雷保护, 而且通过外加正极电源可以实现阳极保护而防腐蚀。

(2) 研制开发新的耐腐蚀材料: 是解决金属腐蚀问题最根本的出路, 是需大胆创新的对策, 即研制开发新的耐腐蚀材料如特种合金、新型陶瓷、复合材料等来取代易腐蚀的金属。制备方法差别较大, 但其宗旨是改变金属内部结构, 提高材料本身的耐蚀性, 例如, 在某些活性金属中掺入微量析氢过电位较低的钯、铂等, 利用电偶腐蚀可以加速基体金属表面钝化, 使合金耐蚀性增强。化工厂的反应罐、输液管道, 用钛钢复合材料替代不锈钢, 使用寿命可大大延长。

(3) 加缓蚀剂法。向介质中添加少量能够降低腐蚀速率的物质以保护金属。其原理是改变易被腐蚀的金属表面状态或者起负催化剂的作用, 使阳极 (或阴极) 反应的活化能垒增高。由于使用方便、投资少、收效快, 缓蚀剂防腐蚀已广泛用于石油、化工、钢铁、机械等行业, 成为十分重要的腐蚀防护手段。

(4) 金属表面预处理。在金属接触环境使用之前先经表面预处理, 用以提高材料的耐腐蚀能力。例如, 钢铁部件先用钝化剂或成膜剂 (铬酸盐、磷酸盐等) 处理后, 其表面生成了稳定、致密的钝化膜, 抗蚀性能因而显著增加。

(5) 金属表面充填覆盖层包含无机涂层和金属镀层, 其目的是将金属基体与腐蚀介质隔离开, 阻止去极化剂氧化金属的作用, 达到防腐蚀效果。常见的非金属涂层有油漆、塑料、搪瓷、矿物性油脂等等。搪瓷涂层因有极好的耐腐蚀性能而广泛用于石油化工、医药、仪器等工业部门和日常生活用品中。

6.7 尾矿库埋入式监测传感器外壳腐蚀实验研究

随着人类生活水平的提高和生产技术的突飞猛进，对矿产资源的需求不断提高，矿产资源开采逐步向海滨地带甚至深海进军。某些矿床赋存于沿海地带或者海底，在开采和选别中产生的废石和尾矿往往富含氯盐和硫酸盐，在尾矿库露天堆存的外部环境作用下会形成高浓度的盐卤水。

金属矿山开采产生的大量尾矿、废石露天堆放，也在外部环境的作用下产生pH 值较低的矿山酸性废水。

基于对以上两种不同的化学环境下所产生的尾矿水（矿山酸性废水和盐卤水）的调查研究发现尾矿水不仅对尾矿库周边生态环境带来了不利影响，且大大降低了尾矿库安全监测系统的稳定可靠性能。所以在尾矿库安全监测仪器或传感器方面，为了减少每年花费的财力、物力和人力，研究尾矿库监测仪器、传感器在极端酸性、盐卤性环境下最优的腐蚀防护方案，以减轻腐蚀程度并降低维护成本，进而对保证尾矿库监测系统安全高效稳定的运行具有重要意义。

6.7.1 实验材料和仪器

6.7.1.1 实验基体材料选择

选用超低碳钢 316L 型奥氏体不锈钢（我国的标准牌号是 022Cr17Ni12Mo2）作为尾矿库埋入式监测仪器及传感器外壳或护套材料防腐实验的基体材料，其主要化学成分（质量分数）如表 6-1 所示。由表 6-1 可知，316L 型奥氏体不锈钢中添加了含量较高的钼元素，提高了不锈钢的耐蚀性，尤其是耐点蚀的能力。

表 6-1　实验基体材料 316L 型奥氏体不锈钢主要化学成分（质量分数）（%）

材料	C	Si	Mn	P	S	Cr	Ni	Mo	Fe
316L	0.019	0.70	1.40	0.031	0.018	16.77	10.76	2.79	余量

6.7.1.2 实验试样制备

需制备 50mm×25mm×3mm 长方体形状的 316L 不锈钢钢片若干，距钢片右端3mm 处需要压一个直径为 2mm 的小圆柱孔，如图 6-4 所示。小孔作用是方便鱼线穿过小孔进行挂片腐蚀浸泡实验。然后分别使用 120 号、240 号、400 号、1000 号砂纸逐级依次打磨钢片至表面划痕均匀，光泽比较明亮通透，最后将磨好的试样先用去离子水清洗一次，然后在乙醇和丙酮中超声清洗，再用电吹风冷风吹干备用。

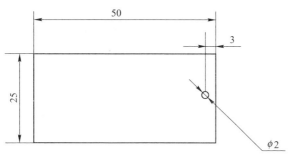

图 6-4　316L 不锈钢试样模型尺寸示意图

图 6-5（a）为 316L 不锈钢试样打磨前样图，图 6-5（b）为打磨后样图。从图中可以明显看出未经过打磨的试样表面坑坑洼洼，划痕参差不齐，表面光泽发暗。经过砂纸逐级打磨的试样表面比较光滑平整，划痕比较整齐，表面光泽显示为亮白色。

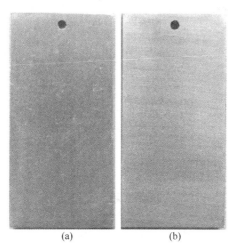

(a) (b)

图 6-5　316L 不锈钢试样打磨前后对比图
（a）打磨前样图；（b）打磨后样图

6.7.1.3　实验腐蚀模拟液制备及分析

为模拟含有硫酸和硫酸盐的极端酸性环境下的尾矿水，经查阅文献将 pH = 1.5 作为最低 pH 值来模拟极端酸性环境。因此选用由北京化工厂生产的分析纯级浓硫酸加去离子水稀释的方法来配制 pH 值为 1.5 的腐蚀模拟溶液。为模拟含有氯盐和硫酸盐的盐卤性环境下的尾矿水，将山东黄金矿业有限公司焦家金矿海水作为盐卤环境下的腐蚀模拟液，经实验室 pH 计测量，焦家金矿海水 pH 值为 7.5。最后在海水中加浓硫酸来配制 pH 值为 3 的酸加海水的腐蚀模拟液，以此作为 pH=1.5~7.5 的腐蚀模拟液。

为分析 pH 值为 3 和 7.5 的腐蚀模拟液中的盐卤成分和含量，对腐蚀液进行离子浓度分析。利用美国 Thermo-Fisher 公司 Dionex AQUION ICS-2100 离子色谱分析仪（见图 6-6）测定 Na^+、K^+、Mg^{2+}、Ca^{2+} 等阳离子和 Cl^-、SO_4^{2-}、NO_3^- 等阴离子含量，检出限在 0.0001~0.01mg/L 之间，线性范围在 0.05~200mg/L 之间。表 6-2 对 pH=3 酸加海水腐蚀模拟液环境和 pH=7.5 海水腐蚀模拟液环境中的七种离子进行了质量浓度检测。

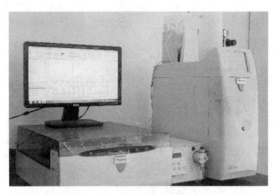

图 6-6　Dionex AQUION ICS-2100 离子色谱分析仪

表 6-2　pH=3 和 7.5 腐蚀模拟液中的离子浓度　　　　　（mg/L）

pH 值	Na^+	K^+	Ca^{2+}	Mg^{2+}	Cl^-	SO_4^{2-}	NO_3^-
3	10978.3	373.4	741.6	1607.3	16016.0	4076.3	38.0
7.5	9469.9	340.3	1311.1	1250.0	15931.4	2333.6	38.7

由检测结果可知，pH 值为 3 的腐蚀模拟液中含有大量盐卤离子且浓度明显较高，其中 Cl^- 浓度达到了 16016.0mg/L，SO_4^{2-} 浓度达到了 4076.3mg/L。同样 pH 值为 7.5 的海水腐蚀模拟液中也含有大量盐卤离子且浓度明显较高，其中 Cl^- 浓度达到了 15931.4mg/L，SO_4^{2-} 浓度达到了 2333.6mg/L。两种腐蚀模拟溶液中 Cl^- 浓度较高且基本接近。有文献研究表明，侵蚀性阴离子氯离子浓度较高时，不锈钢的耐蚀性较差，主要腐蚀形式为点蚀。

6.7.2　腐蚀实验总体方案设计及实验步骤

6.7.2.1　腐蚀实验方案

（1）首先现将裸样的 3 个试样（pH=1.5、pH=7.5、pH=3 各一片）进行电化学测试，浸泡周期为 0d 试样不进行失重法实验，只进行电化学测试，与其他浸泡周期实验形成对照。

（2）将打磨并清理好的试样放置在电子天平上称量，精确到 0.1mg，为提高实验的准确性和精度，每组设有三个试样，然后取平均值，在表格中记录腐蚀前质量为 m_0。

（3）将试样按腐蚀模拟液分为 3 个大组，分别为酸性环境（pH＝1.5）、盐卤环境（海水 pH＝7.5）、酸加盐卤环境（pH＝3），每个大组中再按挂片浸泡时间（7d、15d、30d、2m、4m、12m）分为 6 个大组，然后在浸泡同一时间中设置 5 个平行试样，其中 3 个试样用于失重法，计平均值，另外 2 个试样，其中一个用于电化学测试，另一个备用于腐蚀试样表面微观研究，提高实验的准确性。

（4）具体分组如下：在 pH＝1.5 腐蚀模拟液环境中，按挂片浸泡时间分为 6 个小组，第一个小组一共 5 个试样（浸泡时间为 7d），其中包括：A_{1-1}、A_{1-2}、A_{1-3} 3 个用于失重法的试样，再加一个做电化学测试试样和一个做电镜观察试样。第二个小组一共 5 个试样（浸泡时间为 15d），其中包括：A_{2-1}、A_{2-2}、A_{2-3} 3 个用于失重法的试样，再加一个做电化学测试试样和一个做电镜观察试样。第三个小组一共 5 个试样（浸泡时间为 30d），其中包括：A_{3-1}、A_{3-2}、A_{3-3} 3 个用于失重法的试样，再加一个做电化学测试试样和一个做电镜观察试样。第四个小组一共 5 个试样（浸泡时间为 2m），其中包括：A_{4-1}、A_{4-2}、A_{4-3} 3 个用于失重法的试样，再加一个做电化学测试试样和一个做电镜观察试样。第五个小组一共 5 个试样（浸泡时间为 4m）：A_{5-1}、A_{5-2}、A_{5-3} 3 个用于失重法的试样，再加一个做电化学测试试样和一个做电镜观察试样。第六个小组一共 5 个试样（浸泡时间为 12m），其中包括：A_{6-1}、A_{6-2}、A_{6-3} 3 个用于失重法的试样，再加一个做电化学测试试样和一个做电镜观察试样。在 pH＝7.5（B 组）和 pH＝3（C 组）的腐蚀模拟液中具体分组情况同上。

（5）按模拟液分组要求，5 个试样为一组浸泡在一个 1000mL 烧杯当中，分别将每个试样系于长约 10cm 的鱼线的一端，鱼线另一端吊挂于导线上，将试样浸泡在溶液液面下 10mm，试样间无接触，也不接触容器壁，最后将烧杯口用保鲜膜封住，在室温下进行指定浸泡周期养护。图 6-7 为实验室现场浸泡周期为 2m 的试样，3 个封好口的烧杯，每个烧杯中有 5 个平行试样。

（6）浸泡到指定时间点后将试样取出，经硝酸超声除锈后，称重，去膜，再称重，再去膜，如此反复，直至相邻两次去膜操作后试样的质量差不超过 0.5mg，在表格中记录腐蚀后的质量 m_1。

6.7.2.2　失重法实验步骤

失重法使用最广泛，能直接表示由腐蚀引起的材料质量损失，免去了腐蚀产物的化学成分分析和换算等工作，是目前最直接可靠的腐蚀速度测量方法。它具有操作简便、结果直观、数据真实可信等优点，并且常被用于衡量其他测试结果

图 6-7　浸泡 2m 的试样

可靠性的标准。失重法用于全面腐蚀较成熟，但受限于有选择性的局部腐蚀；同时实验结果会受试样的制备、环境介质、操作方法等因素的影响，重样性较差；只能测试试样在一段时间内的平均腐蚀速度，不能及时及刻的反映实验的腐蚀速率；而且实验是破坏性的、试样量大，现场监测应用时受到限制。虽然如此，失重法在实验室中却是较好的实验方法。

　　A　浓硝酸除锈

　　先配除锈液（除锈液的配置按照 GB/T 16545—1996 国标中相关的要求进行配置），在量筒中倒入由北京化工厂生产的分析纯级浓 HNO_3（相对密度为 1.42）100mL，加去离子水到 1000mL 并用玻璃棒搅拌均匀。然后将各组腐蚀模拟液中浸泡过后的试样取出放入烧杯中并做好标记，再将烧杯放入超声波清洗仪中进行超声除锈，直至试样表面光亮无锈质，最后进行干燥处理。超声清洗温度为 60℃，时间为 20min。图 6-8 为浓 HNO_3 超声除锈实验过程。

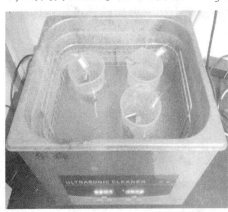

图 6-8　浓 HNO_3 超声除锈

B　称重计算

用精度为 0.1mg 的电子天平对超声清洗除锈后的不锈钢试样进行称重，记入质量为 m_1，再计算出与浸泡腐蚀前质量 m_0 的差值 Δm，随后按公式（6-5）计算不锈钢试样的腐蚀速度。为提高实验的准确性和精度，每组设有 3 个试样，然后取平均值。

6.7.2.3　电化学法实验步骤

电化学测试使用的实验仪器为美国 Princeton Applied Research 公司生产的 Versa STAT 3 电化学工作站。电化学实验采用传统的三电极体系，腐蚀试样作为工作电极，饱和甘汞电极（SCE）为参比电极，铂片为辅助电极，电化学实验在室温（25℃）下进行，腐蚀试样测试面积为 3.14cm^2，如图 6-9 所示。

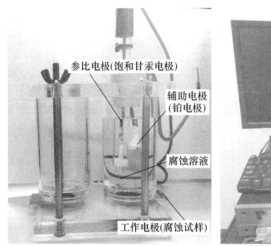

图 6-9　电化学测试体系示意图

开路电位 OCP 测试：开路电位指的是无负载时工作电极和参比电极间的电位差。开路电位法的实质就是检测工作电极电位随工作时间的稳定性。待电化学工作站与各电极之间的线路连接好后进行开路电位的测试，开路电位的测试时间为 20min。

极化曲线的测试采用动电位扫描的方法，动电位扫描方法的特点是加在恒电位仪上的基准电压随时间呈线性变化，工作电极的电位随时间也表现为线性变化，与此同时记录电流信号的变化。研究电极反应过程最常用、最基本的方法是测量电极的极化曲线。根据动电位扫描极化曲线，可以得到工作电极在给定腐蚀模拟液中的耐腐蚀能力、钝化的难易程度、钝化膜的相对稳定性、点蚀电位（E_{b}）以及钝化区腐蚀电流的大小等信息。

动电位极化曲线的扫描范围为−300~2000mV（相对于开路电位 vs. OCP），扫描速率为 0.5mV/s，对极化曲线的数据用 E-Clab 软件中的 Tafel 公式进行拟合，得到 E_{corr}、I_{corr}、阳极和阴极的塔菲尔斜率（β_a、β_c）等电化学参数。

电化学交流阻抗谱的测试是在腐蚀试样在开路电位下稳定 20min 后开始进行的。EIS 测试参数为：扰动电压幅值选取 10mV，正弦波频率范围为 100kHz~10MHz。对交流阻抗的数据用 ZSimpWin 软件进行参数拟合。根据拟合所得的等效电路可解释由电化学交流阻抗谱得到的试样电极反应的信息。

6.7.3　腐蚀实验分析

6.7.3.1　腐蚀试样宏观形貌分析

通过观察不同环境下 316L 不锈钢试样的宏观形貌，可以直观地看出不锈钢试样的表面有无锈层和锈点、是否被腐蚀破坏以及腐蚀程度等宏观现象。

图 6-10 所示为 316L 不锈钢试样在 pH=1.5 的腐蚀模拟液环境中达到各浸泡周期 0d、7d、15d、30d、2m、4m、12m 后取出后的表面宏观样貌示意图。从图中可以看出在到达各浸泡周期后，在 pH=1.5 酸性环境中不锈钢试样表面比较光滑，表面没有出现特别明显的锈迹，只有一些打磨过后的细小磨痕，而且表面还保持有一定的金属光泽，这表明不锈钢试样在酸性腐蚀模拟液中能够保持较好的耐蚀性。

图 6-10　在 pH=1.5 腐蚀模拟液中浸泡后的试样宏观形貌

图 6-11 所示为 316L 不锈钢试样在 pH=7.5 的盐卤性腐蚀模拟液环境中达到各浸泡周期 7d、15d、30d、2m、4m、12m 后取出后的表面宏观样貌示意图。从图中可以看出在到达各浸泡周期后，在 pH=7.5 的盐卤环境中不锈钢试样表面金属光泽明显减少，表面光滑度也减少，出现了明显的黄褐色锈点和锈层，但没有出现大面积的锈层，锈层很薄，锈点大多分布在试样边缘地区，且浸泡 7d 后就出现锈蚀状态，当浸泡 4m 后锈蚀区域明显增多，这表明在此环境中存在侵蚀钝化膜的阴离子，不锈钢试样的钝化膜在盐卤性的海水环境中会受到侵蚀，出现局部锈蚀状态。

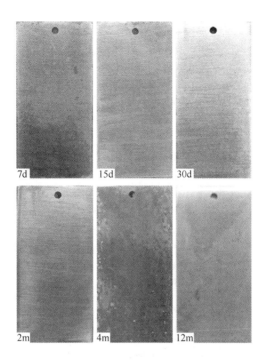

图 6-11　在 pH=7.5 腐蚀模拟液中浸泡后的试样宏观形貌

图 6-12 所示为 316L 不锈钢试样在 pH=3 的腐蚀模拟液环境中达到各浸泡周期 7d、15d、30d、2m、4m、12m 后取出后的表面宏观样貌示意图。从图中可以看出在到达各浸泡周期后，在 pH=3 的酸加海水环境中不锈钢试样表面金属光泽明显减少，表面光滑度也减少，个别浸泡周期试样表面出现了明显的黄褐色锈点，但较盐卤环境中的锈点少且不同浸泡周期下的试样锈点基本都出现在边缘区域，这表明在此环境中存在侵蚀钝化膜的阴离子，不锈钢试样表面的金属钝化膜或多或少的遭到了破坏，对基体的保护作用减弱。

6.7.3.2　失重法

图 6-13 所示为 316L 不锈钢试样在不同环境、不同浸泡周期时的腐蚀速率变化图。从曲线中可以看出，3 条曲线腐蚀速率变化趋势大致相同，3 种不同环境下腐蚀速率都是随着浸泡时间的延长呈下降趋势，且在浸泡的前 30d，不锈钢试样的腐蚀速率较快，经过 30d 的浸泡腐蚀后，腐蚀速率趋于稳定，变化非常小。此外从表 6-3 可知，在 pH=3 的浸泡腐蚀环境中前 30d 的腐蚀速率变化幅度最大，腐蚀速率 v 从 7d 时的 0.04520g/(m^2·d) 下降到 30d 时的 0.00377g/(m^2·d)，其次是 pH=7.5 的腐蚀环境，腐蚀速率 v 从 7d 时的 0.03390g/(m^2·d) 下降到

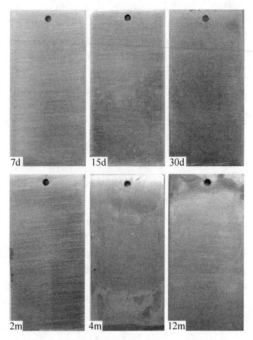

图 6-12 在 pH=3 腐蚀模拟液中浸泡后的试样宏观形貌

30d 时的 $0.00339g/(m^2 \cdot d)$，最小的是 pH=1.5，腐蚀速率 v 从 7d 时的 $0.01291g/(m^2 \cdot d)$ 下降到 30d 时的 $0.00301g/(m^2 \cdot d)$，说明不锈钢试样在 pH=3 的腐蚀环境中腐蚀最严重。

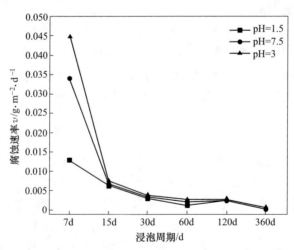

图 6-13 316L 不锈钢试样在不同环境中、不同浸泡
周期时的腐蚀速率变化图

表 6-3 失重法测量 316L 型不锈钢的腐蚀速率记录表

腐蚀环境	编号	m_0/g	m_1/g	$\Delta m/g$	暴露表面积 S/cm^2	腐蚀时间/d	腐蚀速率 $/g \cdot m^{-2} \cdot d^{-1}$	腐蚀速率平均值 $/g \cdot m^{-2} \cdot d^{-1}$
硫酸环境 pH=1.5	A_{1-1}	28.5585	28.5582	0.0003	29.50	7	0.01453	
	A_{1-2}	28.2571	28.2568	0.0003	29.50	7	0.01453	0.01291
	A_{1-3}	28.4065	28.4063	0.0002	29.50	7	0.00969	
	A_{2-1}	26.6198	26.6196	0.0002	29.50	15	0.00452	
	A_{2-2}	26.6758	26.6756	0.0002	29.50	15	0.00452	0.00624
	A_{2-3}	26.8685	26.8682	0.0003	29.50	15	0.00678	
	A_{3-1}	26.7065	26.7064	0.0001	29.50	30	0.00113	
	A_{3-2}	26.8789	26.8788	0.0001	29.50	30	0.00113	0.00301
	A_{3-3}	26.1587	26.1585	0.0002	29.50	30	0.00226	
	A_{4-1}	26.7596	26.7593	0.0003	29.50	60	0.00169	
	A_{4-2}	26.7816	26.7814	0.0002	29.50	60	0.00113	0.00113
	A_{4-3}	26.9462	26.9461	0.0001	29.50	60	0.00056	
	A_{5-1}	26.9006	26.8996	0.0010	29.50	120	0.00282	
	A_{5-2}	26.7474	26.7465	0.0009	29.50	120	0.00254	0.00273
	A_{5-3}	26.9267	26.9257	0.0010	29.50	120	0.00282	
	A_{6-1}	26.5775	26.5769	0.0006	29.50	360	0.00056	
	A_{6-2}	26.7887	26.7880	0.0007	29.50	360	0.00066	0.00051
	A_{6-3}	26.7613	26.7610	0.0003	29.50	360	0.00028	
海水环境 pH=7.5	B_{1-1}	26.6089	26.6082	0.0007	29.50	7	0.03390	
	B_{1-2}	26.7947	26.7939	0.0008	29.50	7	0.03874	0.03390
	B_{1-3}	26.6493	26.6487	0.0006	29.50	7	0.02906	
	B_{2-1}	26.6249	26.6246	0.0003	29.50	15	0.00452	
	B_{2-2}	26.6802	26.6797	0.0005	29.50	15	0.00904	0.00678
	B_{2-3}	26.6174	26.6171	0.0003	29.50	15	0.00678	
	B_{3-1}	26.7808	26.7804	0.0004	29.50	30	0.00452	
	B_{3-2}	26.8642	26.8640	0.0002	29.50	30	0.00226	0.00339
	B_{3-3}	26.5832	26.5829	0.0003	29.50	30	0.00339	
	B_{4-1}	26.7801	26.7796	0.0005	29.50	60	0.00282	
	B_{4-2}	26.8135	26.8132	0.0003	29.50	60	0.00169	0.00207
	B_{4-3}	26.6953	26.6950	0.0003	29.50	60	0.00169	
	B_{5-1}	26.9587	26.9578	0.0009	29.50	120	0.00254	
	B_{5-2}	26.7743	26.7733	0.0010	29.50	120	0.00282	0.00254
	B_{5-3}	26.7795	26.7787	0.0008	29.50	120	0.00225	
	B_{6-1}	26.5670	26.5667	0.0003	29.50	360	0.00028	
	B_{6-2}	26.6481	26.6479	0.0002	29.50	360	0.00019	0.00028
	B_{6-3}	26.6364	26.6360	0.0004	29.50	360	0.00038	

腐蚀环境	编号	m_0/g	m_1/g	$\Delta m/g$	暴露表面积 S/cm^2	腐蚀时间/d	腐蚀速率 /$g \cdot m^{-2} \cdot d^{-1}$	腐蚀速率平均值 /$g \cdot m^{-2} \cdot d^{-1}$
酸+海水 pH=3	C_{1-1}	28.4890	28.4877	0.0013	29.50	7	0.06295	
	C_{1-2}	28.4101	28.4098	0.0003	29.50	7	0.01453	0.04520
	C_{1-3}	28.4547	28.4535	0.0012	29.50	7	0.05811	
	C_{2-1}	26.6602	26.6598	0.0004	29.50	15	0.00904	
	C_{2-2}	26.6784	26.6781	0.0003	29.50	15	0.00678	0.00753
	C_{2-3}	26.7033	26.7030	0.0003	29.50	15	0.00678	
	C_{3-1}	26.5736	26.5733	0.0003	29.50	30	0.00339	
	C_{3-2}	26.7835	26.7832	0.0003	29.50	30	0.00339	0.00377
	C_{3-3}	26.9452	26.9448	0.0004	29.50	30	0.00452	
	C_{4-1}	26.8339	26.8334	0.0005	29.50	60	0.00283	
	C_{4-2}	26.6283	26.6278	0.0005	29.50	60	0.00283	0.00264
	C_{4-3}	26.8870	26.8866	0.0004	29.50	60	0.00226	
	C_{5-1}	26.8562	26.8556	0.0006	29.50	120	0.00169	
	C_{5-2}	26.8593	26.8582	0.0011	29.50	120	0.00310	0.00263
	C_{5-3}	26.7264	26.7253	0.0011	29.50	120	0.00310	
	C_{6-1}	26.6358	26.6352	0.0006	29.50	360	0.00056	
	C_{6-2}	26.4326	26.4322	0.0004	29.50	360	0.00037	0.00050
	C_{6-3}	26.8269	26.8263	0.0006	29.50	360	0.00056	

6.7.3.3　开路电位法分析

图 6-14~图 6-16 所示分别为不锈钢试样在 pH=1.5、pH=3 和 pH=7.5 腐蚀模拟液环境中的不同浸泡周期开路电位随时间的变化规律曲线图。从图中可以看出，各曲线形状基本一致。当实验进行到 250s 左右，各曲线都有上升或下降的趋势，随着测试时间的增长，各曲线开路电位都逐渐趋于平稳。通过对比各个电极在研究体系中的开路电位，可以判断其腐蚀倾向性的大小。开路电位越大表明试样腐蚀倾向性越小，开路电位越小表明试样腐蚀倾向性越大。

从图 6-14 中可以看出在 pH=1.5 的极端酸性腐蚀模拟液中，各浸泡周期不锈钢试样开路电位的范围大致在-120~195mV。裸样 0d 不锈钢试样开路电位最低约为-120mV，说明其腐蚀倾向性相较于其他浸泡周期试样比较大，可能原因是未浸泡试样钝化膜还未形成或形成完全。随着试样浸泡时间的增大，其他浸泡周期试样开路电位不断增大，当浸泡时间为 2m 时试样开路电位达到最大，约为

200mV；浸泡时间为 4m 时试样开路电位略微减小，约为 190mV；当浸泡时间为 12m 时试样开路电位又略微减小，约为 174mV。从整体来看，随不锈钢试样浸泡时间的增大，不锈钢试样开路电位曲线正移，开路电位增大，后期开路电位才略微减小，说明不锈钢试样腐蚀倾向性在前期逐渐减小，试样耐蚀性变好，浸泡 12m 后耐蚀性才有所减弱。

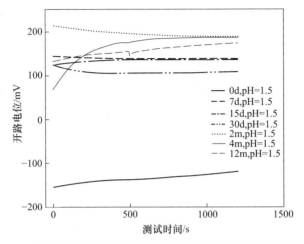

图 6-14   pH＝1.5 极端酸性模拟液环境中不同浸泡周期开路电位随时间变化对比图

从图 6-15 中可以看出在 pH＝3 的硫酸加盐卤水腐蚀模拟液中，各浸泡周期不锈钢试样开路电位的范围大致在−270～110mV。裸样 0d 不锈钢试样开路电位最低约为−270mV，说明其腐蚀倾向性相较于其他浸泡周期试样较大，可能原因

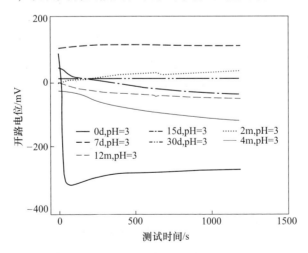

图 6-15   pH＝3 硫酸加盐卤水模拟液环境中不同浸泡周期开路电位随时间变化对比图

是未浸泡试样钝化膜还未形成或形成完全。浸泡周期 0~7d 不锈钢试样开路电位曲线正移，当试样浸泡时间为 7d 时，其开路电位突然增大，约为 110mV，说明不锈钢试样在浸泡 7d 后其腐蚀倾向性减小。随着浸泡时间的增大，浸泡周期为 7d~12m 不锈钢试样开路电位曲线负移，开路电位不断减小，当浸泡周期为 4m 时，浸泡试样开路电位降到最低，约为−110mV，说明试样腐蚀倾向性逐渐增大，耐蚀性降低。从整体来看，随着浸泡周期的增大，不锈钢试样开路电位先增大后减小，腐蚀倾向性先减小后增大。

从图 6-16 中可以看出在 pH=7.5 的盐卤水腐蚀模拟液中，各浸泡周期不锈钢试样开路电位的范围大致在−170~60mV。裸样 0d 不锈钢试样开路电位约为−110mV。0~30d 浸泡期间不锈钢试样开路电位曲线正移，开路电位不断增大，当试样浸泡周期为 30d 时开路电位最大约为 60mV，此时试样腐蚀倾向性最小。当浸泡周期继续增大时，不锈钢试样开路电位曲线又负移，试样开路电位降低，浸泡 12m 后试样开路电位最低约为−170mV，此时试样腐蚀倾向性最大。从整体来看，随着浸泡周期的增大，不锈钢试样开路电位先增大后减小，腐蚀倾向性先减小后增大。

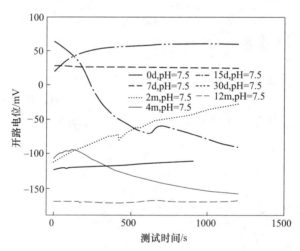

图 6-16　pH=7.5 盐卤水模拟液环境中不同浸泡周期开路电位随时间变化对比图

综合比较图 6-14~图 6-16 可以看出，不锈钢试样在 pH=1.5 腐蚀模拟液中各浸泡周期的开路电位整体较大，而在 pH=3 和 pH=7.5 腐蚀模拟液中各浸泡周期的开路电位整体较小，说明在后两者腐蚀模拟液中不锈钢试样的腐蚀倾向性较大，原因可能是在 pH=3 和 pH=7.5 腐蚀模拟液中侵蚀性 Cl⁻ 的存在，Cl⁻ 的强穿透能力导致试样表面钝化膜的破损，加速了腐蚀的进行。

6.7.3.4 动电位极化曲线法分析

A 酸性模拟液（pH=1.5）

一般来说，废石和尾矿经雨水的淋溶作用会处于极端酸性环境中，但不锈钢材料因其表面有一层致密的由 Fe/Cr 氧化物组成的钝化膜而耐腐蚀性能极高。

图 6-17 所示为经过不同周期（0d、7d、15d、30d、2m、4m 和 12m）挂片全浸实验的 316L 不锈钢试样在 pH=1.5 的极端酸性腐蚀模拟溶液中的极化曲线。从图中可以明显看到浸泡不同周期后的不锈钢试样极化曲线趋势大致相同，说明不锈钢试样在所研究的腐蚀介质中发生的腐蚀反应机理相同，均表现为阳极发生金属电极的溶解反应，阴极电流密度随着电位的升高而增大，当电极电位达到一定值后，316L 不锈钢试样表面开始转入钝化过程，此过程中，阳极电流密度的数值基本上不随电极电位的升高改变，阴极发生氧的去极化过程。阳极极化曲线都有明显的钝化区间且均未出现活化-钝化过渡区，而是随电极电位升高直接进入钝化区，说明 316L 不锈钢试样在极端酸性模拟液中能够自钝化。

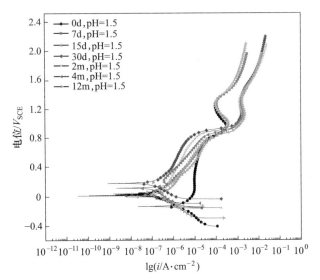

图 6-17 316L 不锈钢试样在 pH=1.5 极端酸性模拟液环境中不同周期的极化曲线对比图

此外根据 GB/T 17899—1999，将金属阳极极化曲线上的电流密度为 $10\mu A/cm^2$ 时最正的电位定义为点蚀电位 E_b，各浸泡周期点蚀电位 E_b 约为 0.8V（见图 6-18），趋势为先增大后减小；随着电位的不断正移，当电位达到大约 $1.3V_{SCE}$（相对于参比电极 SCE 的电位）时试样各周期极化曲线上出现明显的二次钝化现象，由于 316L 不锈钢中 Cr 含量较高，所以此时产生的二次钝化现象可能与铬的氧化物转化有关，发生了 $2Cr^{3+}+7H_2O \Longrightarrow Cr_2O_7^{2-}+14H^++6e$ 的反应，生成 Cr 的氧化物，生成了新的钝化膜，阻碍了基体向溶液中溶解；不同浸泡周期下各试样自腐蚀电位比较集中，电位整体偏正，在 $-0.15 \sim 0.20V_{SCE}$ 之间波动，以上表明316L 不锈钢试样在极端酸性环境中呈现一定的钝化特性和再钝化性能，耐酸腐蚀性较好。裸样 0d 试样自腐电位 E_{corr} 约为 $-147mV$，较其他浸泡周期试样略低，自腐电流密度 I_{corr} 约为 $1.410\mu A/cm^2$，致钝电流密度约为 $10.3\mu A/cm^2$，钝化区间电位为 $-0.04 \sim 0.8V_{SCE}$，较其他浸泡周期试样钝化区间大，可能是未经过腐蚀模拟液浸泡的裸样钝化膜没有形成所致。由图 6-17 和图 6-18 整体来看，随着浸泡周期的增大，自腐电位 E_{corr} 先增大后减小，自腐电位的大小反映了试样的腐蚀倾向，这可能是因为 $0 \sim 30d$ 之间不锈钢试样钝化膜在逐渐形成，并且致密度良好，所以自腐电位不断缓慢增大，不锈钢试样耐蚀性也越来越好，30d 之后不锈钢试样钝化膜-金属界面可能有溶液渗入，钝化膜处于局部破损状态，自腐电流减少。以上表明试样在极端酸性腐蚀环境中短期内耐蚀性越来越好，经过长期腐蚀后耐蚀性略微有所降低。

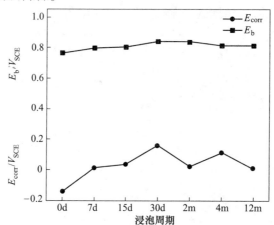

图 6-18　pH = 1.5 不同浸泡周期中 316L 不锈钢试样自腐电位 E_{corr} 和点蚀电位 E_b 变化图

表 6-4 为 pH = 1.5 模拟液环境下不同浸泡周期的试样极化曲线的相关电化学参量。

表 6-4　pH = 1.5 模拟液环境下不同浸泡周期的试样极化曲线的相关电化学参量

浸泡周期	E_b/V_{SCE}	E_{corr}/V_{SCE}	$I_{corr}/\mu A \cdot cm^{-2}$
0d	0.763	-0.147	1.410
7d	0.795	0.016	0.116
15d	0.801	0.034	0.148
30d	0.840	0.160	0.120
2m	0.836	0.023	0.191
4m	0.810	0.111	0.103
12m	0.812	0.013	0.261

B 酸与海水混合模拟液（pH=3）

以 pH=3 的硫酸加盐卤水腐蚀模拟液作为极端酸性和盐卤性环境的中间环境对照组，探讨 316L 不锈钢试样在此环境中的腐蚀规律。

图 6-19 所示为经过不同周期（0d、7d、15d、30d、2m、4m 和 12m）挂片全浸实验的 316L 不锈钢试样在 pH=3 的硫酸加盐卤水腐蚀模拟溶液中的极化曲线。从图中可以明显看到浸泡不同周期后的不锈钢试样极化曲线趋势大致相同，即都有较低的电流密度和相对较宽的钝化区间，说明不锈钢试样在所研究的腐蚀介质中发生的腐蚀反应机理相同。阳极极化曲线都有明显的钝化区间且均未出现活化-钝化过渡区，而是随电极电位升高直接进入钝化区，说明在 pH=3 的腐蚀模拟液中，316L 不锈钢试样在腐蚀电位下能够自钝化。

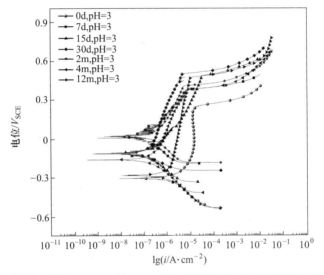

图 6-19 316L 不锈钢试样在 pH=3 硫酸加盐卤水模拟液环境下不同周期的极化曲线对比图

裸样 0d 试样自腐电位 E_{corr} 约为 $-326mV$（见图 6-20），较其他浸泡周期试样略低，自腐电流密度 I_{corr} 约为 $1.933\mu A/cm^2$，点蚀电位约为 $0.256V_{SCE}$，较其他浸泡周期试样低，钝化区间为 $-0.24\sim0.25V_{SCE}$，致钝电流密度约为 $13.6\mu A/cm^2$，可能的原因是未经过腐蚀模拟液浸泡裸样钝化膜没有形成，耐蚀性较差。点蚀电位 E_b 的大小反映了不锈钢试样表面生成钝化膜的稳定性，如图 6-20 及表 6-5 所示，随着试样浸泡时间的增加，点蚀电位 E_b 先增大后减小，表明不锈钢试样耐蚀性先增大后减小。自腐电位的高低可以反映钝化膜被击穿的难易程度，腐蚀电位越高，钝化膜的抗腐蚀能力越好；腐蚀电位越低，钝化膜抗腐能力越差。不同浸泡周期下的各试样自腐电位在 $-0.330\sim0.034V_{SCE}$ 之间波动，电位整体偏负，随着试样浸泡周期的增加，自腐电位先增大后减小，浸泡腐蚀 12m 时不锈钢试样 E_{corr}

下降至约 $-0.294V_{SCE}$，表明不锈钢试样钝化膜抗腐蚀能力先增大后减小。从整体来看，316L 不锈钢试样在 pH = 3 的腐蚀模拟液中的耐蚀性在短期内越来越好，可能原因是前期试样钝化膜处于逐渐形成的状态，钝化膜较为致密，经过长期浸泡后耐蚀性不断降低的原因可能是海水中的侵蚀性 Cl⁻ 的存在导致了钝化膜的溶解和破坏。

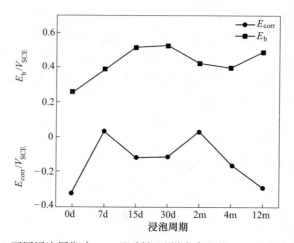

图 6-20　pH = 3 不同浸泡周期中 316L 不锈钢试样自腐电位 E_{corr} 和点蚀电位 E_b 变化图

表 6-5　pH = 3 模拟液环境下不同浸泡周期的试样极化曲线的相关电化学参量

浸泡周期	E_b/V_{SCE}	E_{corr}/V_{SCE}	$I_{corr}/\mu A \cdot cm^{-2}$
0d	0.256	−0.326	1.933
7d	0.390	0.034	0.027
15d	0.512	−0.121	0.018
30d	0.525	−0.116	0.153
2m	0.420	0.027	0.082
4m	0.397	−0.165	0.170
12m	0.480	−0.294	0.875

C　海水模拟液（pH = 7.5）

盐卤水具有一定的腐蚀作用，主要是由于氯盐和硫酸盐的物理化学腐蚀造成的。不锈钢材料因其具有良好的耐均匀腐蚀性能得到广泛的应用，其良好的耐蚀性能来自表面一层致密的由 Fe/Cr 氧化物组成的钝化膜，这层钝化膜的完整性决定了不锈钢的耐腐蚀能力。然而在含有侵蚀性阴离子的盐卤性环境中，不锈钢表面钝化膜极易发生点蚀而遭到破坏，从而严重影响不锈钢的实际应用。

图 6-21 所示为经过不同周期（0d、7d、15d、30d、2m、4m 和 12m）挂片全

浸实验的 316L 不锈钢试样在 pH = 7.5 的盐卤水腐蚀模拟溶液中的极化曲线。从图中可以明显看到浸泡不同周期后的不锈钢试样极化曲线趋势大致相同，即都有较低的电流密度和相对较宽的钝化区间，说明不锈钢试样在所研究的腐蚀介质中发生的腐蚀反应机理相同。阳极极化曲线都有明显的钝化区间且均未出现活化-钝化过渡区，而是随电极电位升高直接进入钝化区，说明在 pH = 7.5 的腐蚀模拟液中，316L 不锈钢试样在腐蚀电位下能够自钝化。

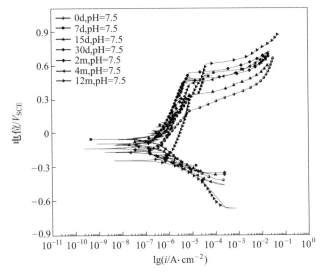

图 6-21　316L 不锈钢试样在 pH = 7.5 盐卤水模拟液环境下不同周期的极化曲线对比图

　　裸样 0d 试样的自腐电位 E_{corr} 约为 -167mV，自腐电流密度 I_{corr} 约为 $0.096\mu A/cm^2$，点蚀电位最小约为 $0.224V_{SCE}$（见图 6-22），钝化区间为 $-0.11 \sim 0.21V_{SCE}$，致钝电流密度约为 $0.26\mu A/cm^2$，维钝电流密度约为 $1.35\mu A/cm^2$，较其他浸泡周期试样维钝电流密度大，可能的原因是未经过腐蚀模拟液浸泡裸样钝化膜没有形成，耐蚀性较差。点蚀电位 E_b 的大小反映了不锈钢试样表面生成钝化膜的稳定性，如图 6-22 及表 6-6 所示，点蚀电位 E_b 从浸泡周期 7d 以后处于减小趋势，表明不锈钢试样耐蚀性从 0~7d 先增大，浸泡 7d 之后耐蚀性降低。自腐电位 E_{corr} 的高低可以反映钝化膜被击穿的难易程度，腐蚀电位越高，钝化膜的抗腐蚀能力越好；腐蚀电位越低，钝化膜抗腐蚀能力越差。不同浸泡周期下的各试样自腐电位在 $-0.24 \sim 0V_{SCE}$ 之间波动，电位整体偏负，随着试样浸泡周期的增大，自腐电位从 0~7d 先增大，浸泡 7d 之后不断减小，当浸泡周期为 12m 时，自腐电位 E_{corr} 下降到最低约为 -239mV，表明不锈钢试样钝化膜抗腐蚀能力先增大后逐渐减小。从整体来看，316L 不锈钢试样在 pH = 7.5 的海水腐蚀模拟液中的耐蚀性在短期内较好，可能原因是短期内试样钝化膜处于逐渐形成的状态，钝化膜较致密；后期耐蚀性逐渐降低，原因可能是海水中的侵蚀性 Cl^- 的存在导致了钝化膜的快速溶解且遭到破坏。

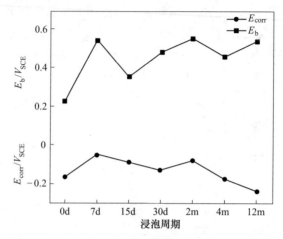

图 6-22　pH = 7.5 不同浸泡周期中 316L 不锈钢试样
自腐电位 E_{corr} 和点蚀电位 E_b 变化图

表 6-6　pH = 7.5 模拟液环境下不同浸泡周期的试样极化曲线的相关电化学参量

浸泡周期	E_b/V_{SCE}	E_{corr}/V_{SCE}	$I_{corr}/\mu A \cdot cm^{-2}$
0d	0.224	−0.167	0.096
7d	0.541	−0.045	0.106
15d	0.353	−0.086	0.127
30d	0.477	−0.133	0.038
2m	0.550	−0.080	0.071
4m	0.456	−0.176	0.171
12m	0.530	−0.239	0.698

6.7.3.5　电化学阻抗谱法分析

不锈钢的耐蚀性能还可以通过电化学阻抗谱的方法来表征，通过电化学阻抗谱（EIS）的方法进一步分析不同浸泡周期的 316L 不锈钢试样在不同 pH 值环境中的腐蚀规律。EIS 测试结果也能够反映出 316L 不锈钢在腐蚀介质中生成的产物膜性质。低频部分可反应出与金属表面钝化膜形成有关的特性，高频部分与金属-溶液界面间的电荷转移有关。半圆弧的半径大小与钝化膜的极化电阻有关，圆弧曲线反映了电极表面电子转移过程中受到的阻抗，圆弧直径越大，阻抗作用也就越大，金属越不容易出现电子得失，使得金属更难腐蚀溶解。

A　酸性模拟液（pH＝1.5）

图 6-23 和图 6-24 为 pH＝1.5 模拟液环境中，在电化学测试开路电位（OCP）稳定下的不同浸泡周期的 316L 不锈钢试样的 Nyquist 和 Bode 图。从 Nyquist 图中可以看出，不同浸泡周期下 316L 不锈钢试样电化学阻抗谱形状基本相似，阻抗特征及趋势基本一致，均由一个容抗弧组成且为不完整的半圆弧，其圆心在 x 轴下方。当浸泡周期为 0d 时，不锈钢试样容抗弧半径最小，阻抗值相应也最小，表明不锈钢试样在 0d 时钝化膜可能还未形成或完全形成。随着浸泡周期的延长，

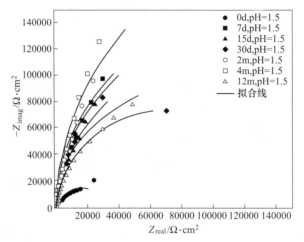

图 6-23　pH＝1.5 模拟液环境下不同浸泡周期的 316L 不锈钢试样的 Nyquist 图

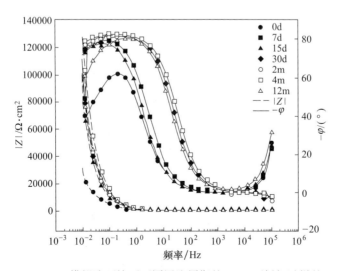

图 6-24　pH＝1.5 模拟液环境下不同浸泡周期的 316L 不锈钢试样的 Bode 图

0d 到 4m 的容抗弧半径变大，表明试样表面钝化膜在逐渐形成，试样抗腐蚀能力增大，浸泡 12m 时容抗弧半径减小，说明长期在酸性环境中浸泡后不锈钢试样耐蚀性有所降低。从 Bode 图中可以看出，在测试频率中相位角曲线向高频端移动，相位角曲线峰位基本都出现在中低频区域。裸样 0d 的试样峰位呈现凸起状态，且频率范围较窄，为一个时间常数，可能原因是浸泡初期试样钝化膜未形成。其他浸泡周期峰位处频率范围较宽，因此可能两个峰重合，显示为两个时间常数，表明试样钝化膜在逐渐形成；阻抗模值曲线向高频区移动，裸样阻抗模值最小，浸泡 4m 后试样阻抗模值最大，浸泡 12m 时试样阻抗模值又减小，由此可以看出不锈钢试样在电化学反应中的阻碍能力在 0d 到 4m 范围内随浸泡时间的增大而升高，耐蚀性达到最好，而长期浸泡后阻碍能力又有所降低。

参考相关的 316L 不锈钢 EIS 研究文献和曹楚南的电化学阻抗谱导论发现，用于解释可钝化金属表面的阻抗谱特性已提出了多种不同的模型。通过 ZSimpWin 拟合软件对交流阻抗数据的拟合效果进行分析，本研究使用两个 R-C 元件的等效电路图 $R(C(R(CR)))$，如图 6-25 所示。其中，R_s 为溶液电阻，拟合电路包括两个时间常数。第一个高频阻抗区与钝化膜在试样表面的覆盖程度有关，C_1 和 R_1 分别表示试样表面钝化膜的电容和电阻，可以表征试样表面钝化膜的特性。第二个低频阻抗区与电荷转移过程有关，其等效元件 C_2 和 R_2 分别表示金属基体/膜界面双电层电容和电荷转移电阻。式（6-8）为图 6-25 等效电路图所对应的阻抗数学表达式，从表达式中可以看出它是由溶液电阻 R_s 与两个时间常数 $R_1(C_1(R_2C_2))$ 串联得到。

$$Z = R_s + \cfrac{1}{C_1 + \cfrac{1}{R_1 + \cfrac{1}{C_2 + \cfrac{1}{R_2}}}} \tag{6-8}$$

表 6-7 为 pH=1.5 酸性模拟液环境下不同浸泡周期的 316L 不锈钢试样参照图 6-25 所示电路图的电化学阻抗谱拟合结果，拟合数据与测试数据具有较好的匹配性。从表中可以看出 R_1 在浸泡周期为 0d 到 4m 处于增大趋势，浸泡 12m 后有所减小，C_1 随浸泡周期的增长呈减小趋势，说明 316L 不锈钢试样前期钝化膜稳定性不断增强，抗腐蚀能力增强，后期又有所减弱。同时电荷转移电阻 R_2 在浸泡周期为 0d 到 4m 不断增大，12m 时略微减小，金属基体/膜界面双电层电容 C_2 在浸泡周期为 0d 到 4m 不断减小，12m 时有略微增大，进一步说明 316L 不锈钢试样钝化膜抗腐蚀能力在前期 4m 内不断增强，稳定性变好，浸泡 12m 时又有所降低。总的阻抗值即极化电阻 $R_p(R_p = R_1 + R_2)$ 常用来表征在腐蚀介质中金属耐腐蚀能力的强弱，当极化电阻值越小时，腐蚀速率越快。由表 6-7 及图 6-26 可

知，极化电阻 R_p 在浸泡周期为 0d 到 4m 处于增大趋势，12m 时又减小，进而表明 316L 不锈钢试样耐蚀性在前期 0d 到 4m 越来越好，浸泡 12m 时降低。该分析结果和极化曲线分析结果基本一致。

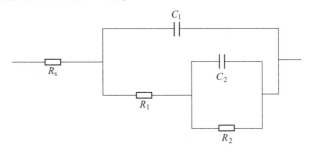

图 6-25   电化学阻抗谱拟合电路图

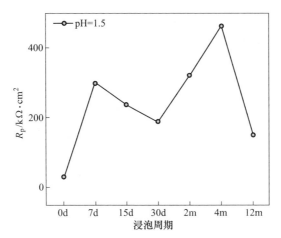

图 6-26   不同浸泡周期的 316L 不锈钢极化电阻 R_p 的变化图

表 6-7   pH＝1.5 模拟液环境下不同浸泡周期的 316L 不锈钢试样阻抗谱拟合结果

浸泡时间	R_s /$\Omega \cdot cm^2$	C_1 /$\Omega^{-1} \cdot cm^{-2} \cdot s^{-n}$	R_1 /$\Omega \cdot cm^2$	C_2 /$\Omega^{-1} \cdot cm^{-2} \cdot s^{-n}$	R_2 /$\Omega \cdot cm^2$
0d	4.83×10^2	1.99×10^{-4}	7.40×10^3	3.04×10^{-4}	2.29×10^4
7d	5.47×10^2	9.97×10^{-5}	1.34×10^4	4.08×10^{-5}	2.87×10^5
15d	6.78×10^2	1.23×10^{-4}	1.36×10^4	5.41×10^{-5}	2.23×10^5
30d	7.16×10	9.63×10^{-5}	4.26×10^3	4.15×10^{-5}	1.83×10^5
2m	8.49×10	9.68×10^{-5}	5.94×10^3	4.38×10^{-5}	3.17×10^5
4m	7.11×10	7.32×10^{-5}	5.86×10^3	3.44×10^{-5}	4.57×10^5
12m	1.01×10^2	8.84×10^{-5}	1.16×10^4	4.55×10^{-5}	1.39×10^5

B　酸与海水混合模拟液 (pH=3)

为了进一步分析 pH=3 的腐蚀模拟液对不同浸泡周期下 316L 不锈钢试样钝化膜的影响，可以对不同浸泡周期的不锈钢试样进行电化学交流阻抗谱测试，并根据交流阻抗谱的结果来分析一些特点。

图 6-27 和图 6-28 为 pH=3 腐蚀模拟液环境中，在电化学测试开路电位 (OCP) 稳定下的不同浸泡周期的 316L 不锈钢试样的 Nyquist 和 Bode 图。从 Nyquist 图中可以看出，不同浸泡周期下 316L 不锈钢试样电化学阻抗谱形状基本

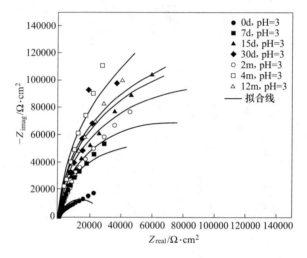

图 6-27　pH=3 模拟液环境下不同浸泡周期的 316L 不锈钢试样的 Nyquist 图

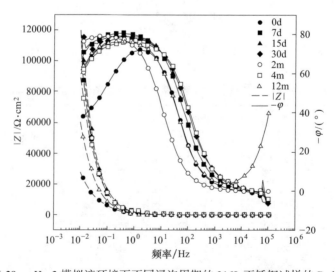

图 6-28　pH=3 模拟液环境下不同浸泡周期的 316L 不锈钢试样的 Bode 图

相似，阻抗特征及趋势基本一致，均由一个容抗弧组成且为不完整的半圆弧，其圆心在 x 轴下方。当浸泡周期为 0d 时，不锈钢试样容抗弧半径最小，阻抗值相应也最小，表明不锈钢试样在 0d 时钝化膜可能还未形成或完全形成。在 0d~2m 之间，随着浸泡周期的延长，容抗弧半径变大，阻抗值增大，表明试样表面钝化膜在逐渐形成，试样抗腐蚀能力增大。2m 之后，随着浸泡周期的延长容抗弧半径突然变小，阻抗值减小，表明试样表面钝化膜抗腐蚀能力减小。从 Bode 图中可以看出，相位角曲线峰位基本都出现在中低频区域。裸样 0d 的不锈钢试样峰位呈现凸起状态，且频率范围较窄，为一个时间常数，可能原因是浸泡初期试样钝化膜未形成或完全形成。其他浸泡周期峰位处频率范围较宽，因此可能两个峰重合，显示为两个时间常数，表明试样钝化膜在逐渐形成；从图中可以明显看出阻抗模值曲线在浸泡前期向高频区移动，裸样阻抗模值最小，当浸泡周期到 12m 时阻抗模值曲线又向低频端移动，表明不锈钢试样随着浸泡周期的延长，阻抗值先增大后减小。

pH = 3 模拟液中对交流阻抗谱数据的分析与 pH = 1.5 模拟液中类似，参考相关的 316L 不锈钢 EIS 研究文献和曹楚南的电化学阻抗谱导论发现，用于解释可钝化金属表面的阻抗谱特性已提出了多种不同的模型。通过 ZSimpWin 拟合软件对交流阻抗数据的拟合效果和误差进行分析，本研究使用两个 R-C 元件的等效电路图 $R(C(R(CR)))$，各元件含义同前文所述，如图 6-25 所示。

表 6-8 为 pH = 3 腐蚀模拟液环境下不同浸泡周期的 316L 不锈钢试样参照图 6-25所示电路图的电化学阻抗谱拟合结果，拟合数据与测试数据具有较好的匹配性。从表中可以看出钝化膜电阻 R_1 从 0d 开始到 2m 处于增大趋势，2m 之后钝化膜电阻 R_1 随浸泡周期的延长突然变小，浸泡 12m 时降到最小，钝化膜电容 C_1 随浸泡时间的延长先减小后增大，说明 316L 不锈钢试样钝化膜稳定性先增大后减小，抗腐蚀能力相应先增大后减小。同时电荷转移电阻 R_2 也是先增大后减小，金属基体/膜界面双电层电容 C_2 先减小后增大，进一步说明 316L 不锈钢试样钝化膜稳定性先增大后减小，抗腐蚀能力先增强后减小。此外总的阻抗值即极化电阻 $R_p(R_p = R_1 + R_2)$ 常用来表征在腐蚀介质中金属耐腐蚀能力的强弱，当极化电阻值越小时，腐蚀速率越快。由表 6-8 及图 6-29 可知，极化电阻 R_p 先增大后减小，进而表明试样耐腐蚀性前期 0d 到 2m 较大，后期 4m 到 12m 逐渐减小。该分析结果和极化曲线分析结果基本一致。

表 6-8　pH = 3 模拟液环境下不同浸泡周期的 316L 不锈钢试样阻抗谱拟合结果

浸泡周期	R_s /$\Omega \cdot cm^2$	C_1 /$\Omega^{-1} \cdot cm^{-2} \cdot s^{-n}$	R_1 /$\Omega \cdot cm^2$	C_2 /$\Omega^{-1} \cdot cm^{-2} \cdot s^{-n}$	R_2 /$\Omega \cdot cm^2$
0d	4.15×10	1.17×10^{-4}	4.17×10^3	2.39×10^{-4}	2.20×10^4

浸泡周期	R_s /$\Omega \cdot cm^2$	C_1 /$\Omega^{-1} \cdot cm^{-2} \cdot s^{-n}$	R_1 /$\Omega \cdot cm^2$	C_2 /$\Omega^{-1} \cdot cm^{-2} \cdot s^{-n}$	R_2 /$\Omega \cdot cm^2$
7d	4.02×10	6.12×10^{-5}	1.75×10^3	4.81×10^{-5}	2.25×10^5
15d	4.54×10	5.49×10^{-5}	2.70×10^3	4.30×10^{-5}	1.86×10^5
30d	3.36×10	5.26×10^{-5}	1.60×10^3	5.31×10^{-5}	2.44×10^5
2m	2.12×10^2	6.70×10^{-5}	5.83×10^3	4.93×10^{-5}	3.46×10^5
4m	3.51×10	4.86×10^{-5}	2.48×10^3	5.82×10^{-5}	1.36×10^5
12m	5.59×10	9.49×10^{-5}	2.97×10^3	9.19×10^{-5}	1.01×10^5

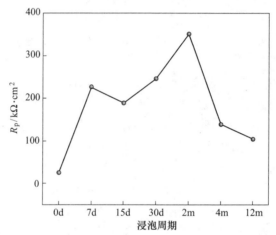

图6-29　pH=3腐蚀环境中不同浸泡周期的316L不锈钢极化电阻R_p的变化图

C　海水模拟液（pH=7.5）

为了进一步分析的pH=7.5的腐蚀模拟液对不同浸泡周期下316L不锈钢试样钝化膜的影响，可以对不同浸泡周期的不锈钢试样进行电化学交流阻抗谱测试，并根据交流阻抗谱的结果来分析一些特点。

图6-30和图6-31为pH=7.5腐蚀模拟液环境中，在电化学测试开路电位（OCP）稳定下的不同浸泡周期的316L不锈钢试样的Nyquist和Bode图。从Nyquist图中可以看出，不同浸泡周期下316L不锈钢试样电化学阻抗谱形状基本相似，阻抗特征及趋势基本一致，均由一个容抗弧组成且容抗弧为不完整的半圆弧，其圆心在x轴下方。当浸泡周期在0~30d之间时，随着浸泡周期的延长，容抗弧半径变大，阻抗值增大，表明试样表面钝化膜在逐渐形成，试样抗腐蚀能力增大。30d之后，随着浸泡周期的延长，容抗弧半径逐渐变小，阻抗值减小，表明试样表面钝化膜抗腐蚀能力减小。从Bode图中可以看出，相位角曲线形状大致都相同，相位角曲线峰位基本都出现在中低频区域。相位角曲线从0~30d之间向高频区移

动，30d 之后又向低频区移动。当浸泡周期为 7d 时，相位角曲线峰位处频率范围相较其他周期窄，只出现一个峰，显示为一个时间常数，可能原因是在短期内不锈钢试样钝化膜较为致密，环境中的 Cl⁻ 在表面的吸附时间太短，对钝化膜的破坏较小；随着浸泡周期的延长，Bode 图表现为较宽的波峰，表现为两个十分接近的时间常数，表明长期浸泡后不锈钢试样钝化膜可能有溶液渗入，处于局部破损状态。从图中可以明显看出阻抗模值曲线从浸泡周期 0~30d 之间向高频区移动，30d 之后又向低频区移动。阻抗模值大小从浸泡周期 0~30d 是逐渐增大趋势，30d 之后为减小趋势，表明不锈钢试样在短期内抗腐蚀能力逐渐增大，后期由于海水中侵蚀性离子的存在导致试样钝化膜破坏，抗腐蚀能力逐渐减小。

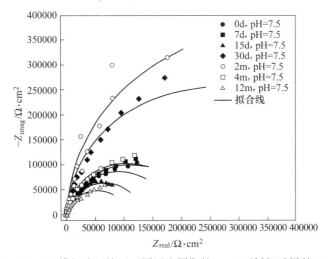

图 6-30　pH＝7.5 模拟液环境下不同浸泡周期的 316L 不锈钢试样的 Nyquist 图

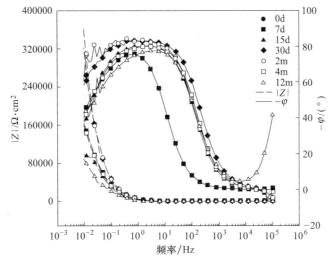

图 6-31　pH＝7.5 模拟液环境下不同浸泡周期的 316L 不锈钢试样的 Bode 图

　　pH=7.5模拟液中对交流阻抗谱数据的分析与pH=1.5模拟液和pH=3模拟液中类似，参考相关的316L不锈钢EIS研究文献和曹楚南的电化学阻抗谱导论发现，用于解释可钝化金属表面的阻抗谱特性已提出了多种不同的模型。通过ZSimpWin拟合软件对交流阻抗数据的拟合效果和误差进行分析，本研究使用两个R-C元件的等效电路图$R(C(R(CR)))$，各元件含义同前文所述，如图6-25所示。

　　表6-9为pH=7.5腐蚀模拟液环境下不同浸泡周期的316L不锈钢试样参照图6-25所示电路图的电化学阻抗谱拟合结果，拟合数据与测试数据具有较好的匹配性。从表中可看出钝化膜电阻R_1从0~30d处于增大趋势，30d之后钝化膜电阻R_1不断减小，钝化膜电容C_1从0~30d先减小，30d之后又增大，说明316L不锈钢试样钝化膜稳定性先增大后减小，抗腐蚀能力相应先增大后减小。同时电荷转移电阻R_2从0d~2m处于增大趋势，2m之后不断减小，金属基体/膜界面双电层电容C_2先减小后增大，进一步说明316L不锈钢试样钝化膜耐点蚀能力先增大后减小，后期减小的原因可能是模拟液中侵蚀性离子的存在造成钝化膜溶解破坏。此外总的阻抗值即极化电阻$R_p(R_p = R_1 + R_2)$常用来表征在腐蚀介质中金属耐腐蚀能力的强弱，当极化电阻值越小时，腐蚀速率越快。由表6-9及图6-32可知，极化电阻R_p先增大后减小，进而表明不锈钢试样耐蚀性短期内越来越好，后期随浸泡周期的增大逐渐减小。该分析结果和极化曲线分析结果基本一致。

表 6-9　pH=7.5 模拟液环境下不同浸泡周期的 316L 不锈钢试样阻抗谱拟合结果

浸泡周期	R_s /$\Omega \cdot cm^2$	C_1 /$\Omega^{-1} \cdot cm^{-2} \cdot s^{-n}$	R_1 /$\Omega \cdot cm^2$	C_2 /$\Omega^{-1} \cdot cm^{-2} \cdot s^{-n}$	R_2 /$\Omega \cdot cm^2$
0d	4.15×10	2.85×10^{-5}	1.07×10^4	2.20×10^{-5}	1.65×10^5
7d	4.91×10^2	3.03×10^{-5}	4.31×10^4	3.56×10^{-5}	1.68×10^5
15d	4.50×10	3.04×10^{-5}	7.90×10^3	2.21×10^{-5}	1.21×10^5
30d	3.64×10	2.20×10^{-5}	1.48×10^4	1.16×10^{-5}	4.98×10^5
2m	4.97×10	2.52×10^{-5}	1.45×10^4	1.02×10^{-5}	7.36×10^5
4m	3.98×10	3.08×10^{-5}	1.03×10^4	2.33×10^{-5}	1.97×10^5
12m	4.88×10	3.66×10^{-5}	1.19×10^4	5.55×10^{-5}	8.95×10^4

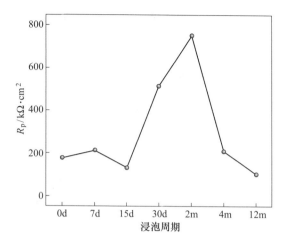

图 6-32 pH = 7.5 腐蚀环境中不同浸泡周期的 316L 不锈钢极化电阻 R_p 的变化图

6.8 尾矿库埋入式监测传感器外壳防护实验研究

6.8.1 有机涂层制备

环氧树脂涂料的组成可以分为 4 个主要部分：成膜物质（环氧树脂）、填料、溶剂（或分散介质）和助剂，图 6-33 所示为有机涂层的主要组成成分示意图。

目前在有机防腐涂料中用量较大、使用较多的成膜物质主要有：聚氨酯树脂、环氧树脂、沥青等。因环氧树脂具有黏结力强，机械强度高；蠕变性能比聚酯、酚醛低；耐热性较好；耐水性好；固化成型方便等优点，因此本文中有机涂层的成膜物质选用 E-44 型环氧树脂。

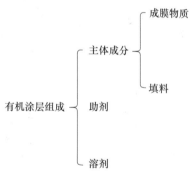

图 6-33 有机涂层的主要组成成分

现在对于防腐高分子聚苯胺涂层的研究已有不少，不少研究表明聚苯胺涂层具有良好的导电性和电化学性能，而且具有制备方法简单、抗划伤、抗点蚀、无污染、质量轻、与有机树脂的配伍性能好等特点，能够较好的保护不锈钢免受腐蚀；也有研究表明聚苯胺可被多种有机酸掺杂，掺杂态的聚苯胺具有许多优良的特性，例如掺酸后的聚苯胺的导电率能够增加几个数量级，聚苯胺掺杂酸会影响聚苯胺有机树脂复合涂层的缓蚀特性，所以掺杂态的聚苯胺有机复合涂层比本征态的耐蚀性更强；此外有研究表明在稀土元素中，铈离子具有较强的电化学活性、较强的缓蚀作用、优良的抗腐蚀性能，将其加入到聚苯胺中可能会对聚苯胺的综合性能产生影响，因此填料选用下文中所述的掺杂柠檬酸-硝酸铈的聚苯胺。对于其他材料成分，溶剂为二甲苯，氧化剂为过硫酸铵，固化剂为聚酰胺树脂。

6.8.1.1　涂层制备的器材

有机涂层制备过程中主要使用的实验仪器与用品有：500mL 烧杯若干、1000mL 烧杯若干、电子天平、pH 计、药品称量皿、药品称量勺、称量纸若干、玻璃棒、布氏漏斗、容量瓶、移液管、胶头滴管、保鲜膜、橡皮筋若干、25mL量筒一个、涂层测厚仪、丝棒涂布器、超声波清洗器、磁力搅拌器、真空干燥箱等（见图 6-34）。

(a)

(b)

(c)

(d)

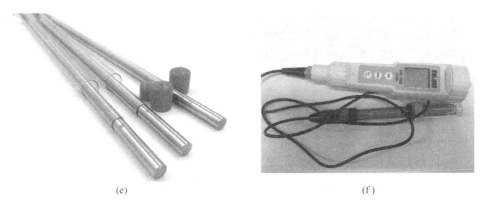

(e)　　　　　　　　　　　　　　　　(f)

图 6-34　部分试验器材

(a) 涂层测厚仪；(b) 真空干燥箱；(c) 电子天平；(d) 磁力搅拌器；

(e) 涂层丝棒；(f) pH 计

表 6-10 为涂层防腐实验过程中所需化学试剂。

表 6-10　制备涂层用主要试剂一览表

试剂名称	规格	产　地
苯胺（ANI）	AR	福晨（天津）化学试剂有限公司
过硫酸铵（APS）	AR	福晨（天津）化学试剂有限公司
柠檬酸	AR	天津市光复科技发展有限公司
硝酸铈	AR	天津市福晨化学试剂厂
丙酮	AR	国药集团化学试剂有限公司
环氧树脂（E-44）	工业级	南通星辰合成材料有限公司
二甲苯	AR	北京化工厂
聚酰胺树脂	工业级	定远县丹宝树脂有限公司
去离子水	—	实验室自制

6.8.1.2　涂层制备方法

（1）本节将通过化学氧化聚合法合成聚苯胺。将 20g（20mL 苯胺溶液）苯胺溶于 480mL 加入 105.07g 的掺杂酸（柠檬酸）的溶液中，该体系溶液颜色呈现为淡黄色，再将 49g 过硫酸铵溶于 500mL 浓度为 1.0mol/L 的掺杂酸（柠檬酸）溶液中，该体系溶液颜色为无色，然后再将以上两种体系溶液倒入 1000mL 烧杯中混合，再称取 5g（按 5g/L 的添加量）硝酸铈加入到前两者混合溶液中，大约 1min 后混合体系溶液颜色由浅蓝色变为蓝黑色，最后再变为深墨绿色，颜色变化说明有掺杂柠檬酸-硝酸铈的聚苯胺生成，充分搅拌后在 20℃下静置反应 24h 备用。

（2）静置过滤得到沉淀物，沉淀物用去离子水洗至中性，再用丙酮洗 3~4次，真空干燥（60℃、48h）后得到墨绿色掺杂柠檬酸-硝酸铈的聚苯胺产物，再将真空干燥后固体产物研磨成粉末备用。

（3）称取 E44 型环氧树脂 200g，二甲苯 100g（116.28mL），两者混合形成溶液，并分别按 2%、6%、10% 的添加量将掺杂柠檬酸-硝酸铈的聚苯胺粉末加入到混合溶液中，并手动搅拌均匀，超声 30min，之后放于磁力搅拌器中以150r/min 速度搅拌 3h，最后将 160g 聚酰胺树酯（固化剂）加入完全混合的树脂中，充分搅拌，熟化 15min 后使用丝棒涂布器进行涂覆。

掺杂柠檬酸-硝酸铈的聚苯胺制备的整个过程如图 6-35~图 6-37 所示。

图 6-35　苯胺掺杂柠檬酸、硝酸铈过程

图 6-36　制备掺杂柠檬酸-硝酸铈的聚苯胺过程中溶液颜色变化

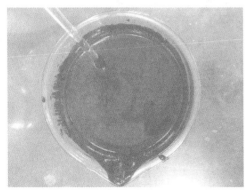

图 6-37　反应后的掺杂柠檬酸-硝酸铈的聚苯胺和烘干后的粉体

6.8.2　有机涂层防腐蚀实验设计

（1）试验之前进行金属基体表面处理，将切割好的 316L 型不锈钢试片依次经过 120 号、240 号、400 号、800 号砂纸进行打磨，并将打磨好的试样先用去离子水清洗，然后在乙醇和丙酮中超声清洗，再用电吹风吹干，在空气中自然干燥，再将配制好的有机涂层用丝棒涂布器刮涂在打磨好的不锈钢试样表面备用。图 6-38 所示为经制备好的有机涂层涂覆后的不锈钢试样示意图。

（2）将试样按腐蚀模拟液种类分为两个大组，分别为盐卤环境（海水 pH = 7.5）和酸加盐卤环境（pH = 3），每个大组中再根据挂片浸泡周期（0d、7d、4m、8m）分为 4 个小组，每个浸泡周期中再按掺杂柠檬酸-硝酸铈的聚苯胺的添加量（2%、6%、10%）分为 3 个小组，然后在同一添加量的小组中设置 2 个平行试样，其中一个用于电化学测试，另一个用于腐蚀涂层试样表面微观研究。

（3）按不同浸泡周期分组要求，将 3 个试样（分别涂覆 2%、6%、10%掺杂的柠檬酸-硝酸铈的聚苯胺）为一组浸泡在一个烧杯当中，挂片浸泡方式同腐蚀试验。图 6-39 所示为浸泡周期为 4m 的有机涂层挂片腐蚀试样，一共 12 个试样，放入 4 个 500mL 的烧杯进行养护。

（4）浸泡到指定时间点后将涂有有机涂层的试样取出，进行电化学测试和电镜观察。

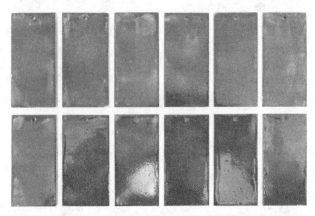

图 6-38　有机涂层涂覆后的不锈钢试样

图 6-39　浸泡周期为 4m 的有机涂层挂片腐蚀试样

6.8.3　防护实验分析

6.8.3.1　开路电位分析

图 6-40 所示为浸泡周期分别为 0d、7d 和 8m 的有机涂层试样开路电位随时

间的变化规律示意图（开路电位测试时间为 1200s）。一般可以根据不同材料在
介质中的电极电位的高低预测其腐蚀倾向，电极电位越高，腐蚀越难发生。

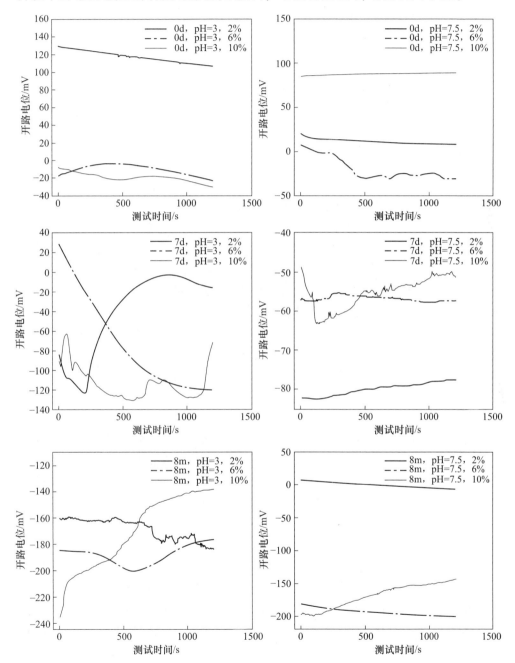

图 6-40　浸泡周期分别为 0d 和 7d、长期 8m 有机涂层试样开路电位曲线图

（2%、6%、10% 表示环氧树脂有机涂层中柠檬酸-硝酸铈聚苯胺的添加量）

从图 6-40 中可以看出，各测试时间-开路电位曲线随时间变化规律不同，有的波动较大，有的变化较为平缓。在两种腐蚀环境中浸泡周期为 0d 和 7d 的有机涂层试样开路电位大致范围在 −130 ~ 130mV 之间，浸泡周期为长期 8m 的开路电位大致范围在 −210 ~ 0mV 之间，明显比 0d 和 7d 的开路电位小，说明有机涂层经过长期浸泡后有机涂层试样耐蚀性降低，涂层受损。

有机涂层试样浸泡 0d 和 7d 后，且在 pH=3 的腐蚀模拟液环境中，添加量为 2%掺杂柠檬酸-硝酸铈的聚苯胺的有机涂层试样开路电位都较添加量为 6%和 10%的高，说明在 pH=3 酸加海水环境中添加量为 2%掺杂柠檬酸-硝酸铈的聚苯胺的有机涂层试样耐蚀性较好。有机涂层试样浸泡 0d 和 7d 后，且在 pH=7.5 的腐蚀模拟液环境中，添加量为 10%的掺杂柠檬酸-硝酸铈的聚苯胺有机涂层试样开路电位都较添加量为 2%和 6%的高，说明在盐卤环境中添加量为 10%的掺杂柠檬酸-硝酸铈的聚苯胺有机涂层试样耐蚀性较好。

浸泡周期为长期 8m 时情况有所不同，在 pH=3 的腐蚀模拟液环境中，添加量为 10%的掺杂柠檬酸-硝酸铈的聚苯胺有机涂层试样开路电位较大，耐蚀性较好，在 pH=7.5 腐蚀模拟液环境中，添加量为 2%的掺杂柠檬酸-硝酸铈的聚苯胺有机涂层试样开路电位较大，耐蚀性较好。而且三种配比的有机涂层试样浸泡 8m 后，在 pH=3 的腐蚀模拟液环境中，开路电位均在 −210 ~ −140mV 之间变化，整体偏负，在 pH=7.5 的腐蚀模拟液环境中，开路电位均在 −200 ~ 0mV 之间变化，说明在经过长时间浸泡后，有机涂层试样在 pH=3 的腐蚀模拟液环境中比在 pH=7.5 的腐蚀模拟液环境中腐蚀严重。

6.8.3.2　动电位极化曲线法分析

动电位极化曲线是研究金属表面腐蚀的常用方法，可以通过塔菲尔直线外推法测定金属的自腐电位 E_{corr} 和自腐电流密度 I_{corr}，从而获得有机涂层试样的腐蚀信息。涂层的自腐电位表征涂层的热力学状态，涂层的自腐电位越高，涂层的耐腐蚀性能越好。涂层的自腐电流密度表征涂层的动力学状态，腐蚀电流数值大小反映了腐蚀速率的快慢。图 6-41 为浸泡周期分别为 0d 和 7d、长期 8m 的有机涂层试样在 pH=3 和 pH=7.5 的腐蚀模拟溶液中的极化曲线。

从图中可以明显看到在不同腐蚀模拟液中浸泡不同周期后的有机涂层试样极化曲线趋势大致相同，即都有较低的电流密度和相对较宽的钝化区间，说明涂有有机涂层的不锈钢试样在所研究的腐蚀介质中发生的腐蚀反应机理相同。再结合表 6-11 中的相关电化学参量可以看出，0d 和 7d 四种不同条件和腐蚀环境下的有机涂层试样自腐电位都在 −0.3 ~ 0V_{SCE} 之间，而长期 8m 两种不同条件和腐蚀环境下自腐电位则在 −0.280 ~ −0.138V_{SCE} 之间，说明有机涂层经过长期浸泡后有机涂层试样耐蚀性降低。此外，浸泡周期为 0d 的有机涂层试样在两种不同腐蚀环境

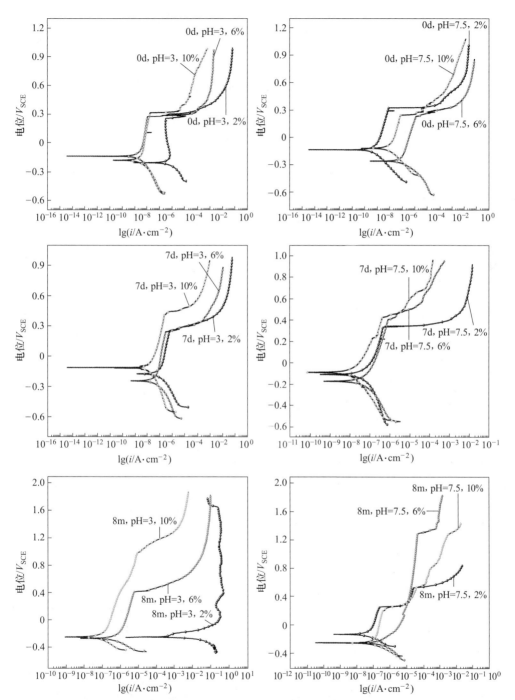

图 6-41　浸泡周期分别为 0d 和 7d、长期 8m 的有机涂层试样极化曲线

（2%、6%、10%表示环氧树脂有机涂层中柠檬酸-硝酸铈聚苯胺的添加量）

表 6-11　浸泡周期分别为 0d 和 7d、长期 8m 有机涂层试样极化曲线的相关电化学参量

有机涂层试样	E_b/V_{SCE}	E_{corr}/V_{SCE}	$I_{corr}/\mu A \cdot cm^{-2}$
0d, pH=3, 2%	0.286	−0.207	0.295
0d, pH=3, 6%	0.265	−0.135	0.002
0d, pH=3, 10%	0.307	−0.176	0.003
7d, pH=3, 2%	0.258	−0.174	0.082
7d, pH=3, 6%	0.237	−0.238	0.042
7d, pH=3, 10%	0.436	−0.113	0.010
8m, pH=3, 2%	0.185	−0.249	684.330
8m, pH=3, 6%	0.415	−0.275	0.419
8m, pH=3, 10%	0.974	−0.254	0.081
0d, pH=7.5, 2%	0.321	−0.141	0.001
0d, pH=7.5, 6%	0.228	−0.260	0.029
0d, pH=7.5, 10%	0.246	−0.121	0.008
7d, pH=7.5, 2%	0.332	−0.104	0.034
7d, pH=7.5, 6%	0.405	−0.170	0.037
7d, pH=7.5, 10%	0.421	−0.086	0.010
8m, pH=7.5, 2%	0.223	−0.138	0.047
8m, pH=7.5, 6%	0.918	−0.249	0.277
8m, pH=7.5, 10%	0.258	−0.259	0.100

中，掺杂 10% 的柠檬酸-硝酸铈聚苯胺有机涂层试样的自腐电位 E_{corr} 都较高，自腐电流密度 I_{corr} 较小，且其点蚀电位 E_b 也比较高，在 pH=3 的腐蚀模拟液中有机涂层试样 E_{corr} 约为−176mV，在 pH=7.5 的腐蚀模拟液中约为−121mV，说明掺杂 10% 的柠檬酸-硝酸铈的聚苯胺有机涂层试样的防护性能较好。浸泡周期为 7d 的有机涂层试样在两种不同环境中，掺杂 10% 的柠檬酸-硝酸铈的聚苯胺有机涂层试样的自腐电位 E_{corr} 都较其他试样高，自腐电流密度 I_{corr} 较小，且其点蚀电位 E_b 也较其他试样高，在 pH=3 的腐蚀模拟液中有机涂层试样 E_{corr} 约为−113mV，在 pH=7.5 的腐蚀模拟液中约为−86mV，说明掺杂 10% 的柠檬酸-硝酸铈的聚苯胺有机涂层试样的防护性能较好。

有机涂层试样经过长期 8m 浸泡后，在 pH=3 的腐蚀环境中，添加量为 2% 的掺杂柠檬酸-硝酸铈的聚苯胺有机涂层试样自腐电流密度 I_{corr} 极大，约为 684.330μA/cm^2，比相同条件下添加量为 6% 和 10% 的掺杂柠檬酸-硝酸铈的聚苯胺有机涂层试样的自腐电流密度大了三个数量级，添加量为 10% 的掺杂柠檬酸-

硝酸铈的聚苯胺的有机涂层试样自腐电位 E_{corr} 都较高，自腐电流密度 I_{corr} 较小，且其点蚀电位 E_b 也比较高，说明经过长时间浸泡的添加量为 2% 的试样涂层有效性已被破坏，腐蚀模拟液渗入了涂层/基体界面，同时在进行电化学测试时涂层也发生了脱落，再次说明了涂层被破坏，添加量为 10% 的掺杂柠檬酸-硝酸铈的聚苯胺的有机涂层试样耐蚀性最好。在 pH = 7.5 的腐蚀环境中时，添加量为 2% 的掺杂柠檬酸-硝酸铈的聚苯胺有机涂层试样自腐电流密度 I_{corr} 约为 $0.047\mu A/cm^2$，较小，说明长时间浸泡后的有机涂层试样在 pH = 3 的腐蚀模拟液环境中比在 pH = 7.5 中腐蚀更严重。

6.8.3.3 电化学阻抗谱法分析

电化学阻抗谱技术应用于评价涂层使用过程中防腐性能的变化时，能有效地体现出涂层的介电性质和涂层/金属界面处的腐蚀情况，准确地了解到相关的微观变化规律。对浸泡过后的有机涂层试样进行电化学阻抗谱测试，分析各组试样的腐蚀信息。

图 6-42 所示分别为六种不同浸泡周期和腐蚀模拟液环境下的有机涂层试样的 Nyquist 图和 Bode 图。有机涂层试样的 Nyquist 图反应实部 Z_{Re} 和虚部 Z_{Im} 的关系，Bode 图反应频率 Hz 和电化学阻抗膜 $|Z|$ 的关系。从图 6-42（a）~（d）的 Nyquist 图可以看出，不同条件下有机涂层的电化学阻抗谱形状都各不相同，且均由一个容抗弧组成，出现一个时间常数，表明在浸泡初期有机涂层的作用是一个屏蔽层，隔绝介质与不锈钢基体直接接触，从而起到保护金属的作用。浸泡 7d 的 Nyquist 图与浸泡 0d 相比，发生了较大的变化，浸泡 7d 后的容抗弧半径缩小，阻抗值降低，有的有机涂层试样低频段的容抗弧变成了接近 45° 的直线即扩散线，说明此时有少部分腐蚀介质已经通过涂层表面的微孔渗入涂层并到达涂层/基底界面上，并表现为扩散控制的电化学特征。低频即 0.01Hz 时的阻抗值大小是表征涂层性能优劣的一个重要参数，通过比较各有机涂层试样 Bode 图中 0.01Hz 时阻抗值大小可以得到不同条件下涂层防腐效果的优劣。从 Bode 图中可知，在 0d，pH = 3 的条件下三个有机涂层试样的阻抗值都大于 $10^7\Omega \cdot cm^2$ 且掺杂 10% 的柠檬酸-硝酸铈的聚苯胺有机涂层试样的阻抗值最大，约为 $3.8 \times 10^7 \Omega \cdot cm^2$；在 0d，pH = 7.5 的条件下三个有机涂层试样的阻抗值也都大于 $10^7\Omega \cdot cm^2$ 且掺杂 2% 的柠檬酸-硝酸铈的聚苯胺有机涂层试样的阻抗值最大，约为 $7.5 \times 10^7 \Omega \cdot cm^2$。与浸泡 0d 的有机涂层试样相比，浸泡 7d 后所有试样的阻抗值都下降了一个数量级，说明有机涂层耐腐蚀性能略微降低。在 7d，pH = 3 的条件下三个有机涂层试样的阻抗值都大于 $10^6\Omega \cdot cm^2$ 且掺杂 10% 的柠檬酸-硝酸铈的聚苯胺有机涂层试样的阻抗值最大，约为 $5.0 \times 10^6\Omega \cdot cm^2$；在 7d，pH = 7.5 的条件下

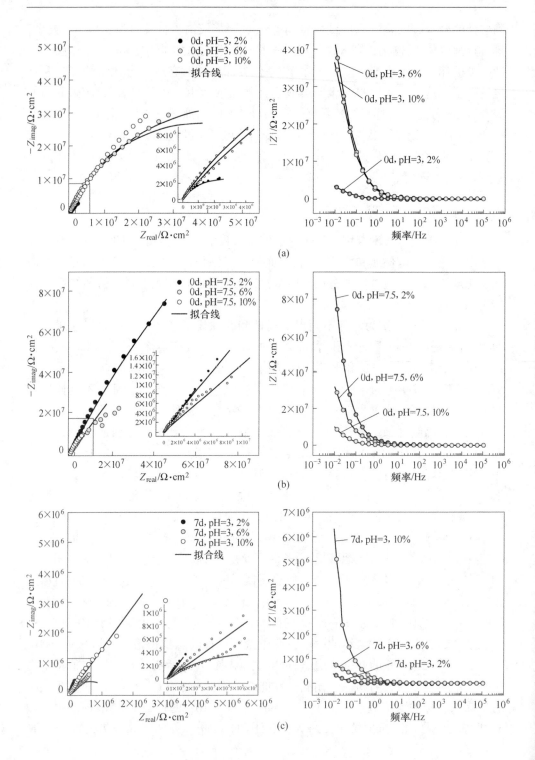

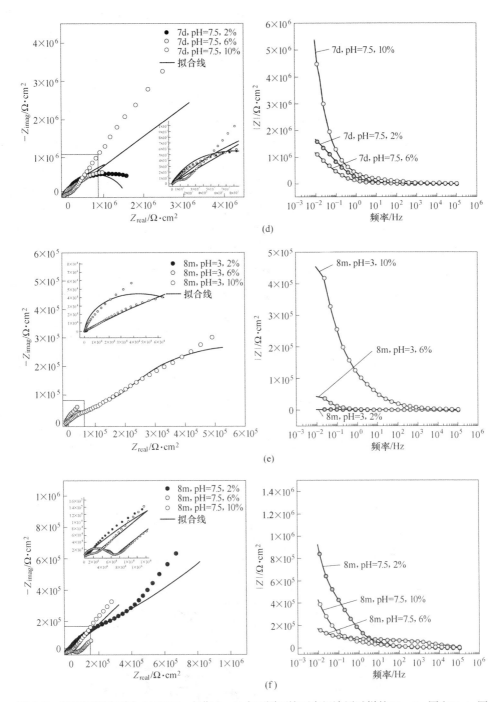

图 6-42 浸泡周期分别为 0d 和 7d、长期 8m 且在不同环境下有机涂层试样的 Nyquist 图和 Bode 图

(2%、6%、10%表示环氧树脂有机涂层中柠檬酸-硝酸铈聚苯胺的添加量)

(a) 0d, pH=3; (b) 0d, pH=7.5; (c) 7d, pH=3; (d) 7d, pH=7.5; (e) 8m, pH=3; (f) 8m, pH=7.5

三个有机涂层试样的阻抗值也都大于 $10^6\Omega \cdot cm^2$ 且掺杂 10% 的柠檬酸-硝酸铈的聚苯胺有机涂层试样的阻抗值最大，约为 $4.5\times10^6\Omega \cdot cm^2$。从图 6-42（e）和（f）可以看出有机涂层试样经过长期 8m 浸泡后，不同条件下有机涂层试样低频段的电化学阻抗谱也呈现出很明显的扩散线，且电化学阻抗谱表现为一个时间常数，结果表明，腐蚀介质已通过涂层表面的微孔渗透到涂层中，并在浸泡后期到达涂层与基体的界面，有机涂层的阻隔保护作用大大减弱。此时，阻抗谱的特性主要由基体反应的电极过程决定。浸泡腐蚀 8m 后所有试样阻抗值与浸泡腐蚀 7d 的相比，整体又下降了一个数量级，也说明了经过长期浸泡腐蚀后，有机涂层耐蚀性能降低。从图 6-42（e）可以明显看出掺杂 2% 的柠檬酸-硝酸铈的聚苯胺有机涂层试样的阻抗值极低，只有 $580\Omega \cdot cm^2$，与相同腐蚀环境中掺杂 6% 和 10% 的有机涂层试样的阻抗值相差了三个数量级，与极化曲线结果相吻合，说明此条件下掺杂 2% 的柠檬酸-硝酸铈的聚苯胺有机涂层已被破坏，而从图 6-42（f）中可以看出，在 pH＝7.5 的腐蚀环境中掺杂 2% 的柠檬酸-硝酸铈的聚苯胺有机涂层阻抗值比在 pH＝3 的环境中高，因此长期时间浸泡后有机涂层试样在 pH＝3 的腐蚀模拟液环境中比在 pH＝7.5 环境中的腐蚀更严重。

有机涂层试样在 0.01Hz 处的阻抗值与同挂片浸泡周期的裸样相比（参考 6.7.3 节腐蚀实验分析中图 6-28 和图 6-31），升高了两个数量级，说明有机涂层具有良好的防腐性能，可以保护基体金属。此外从整体来看，当环氧树脂有机涂层添加 10% 的柠檬酸-硝酸铈的聚苯胺时，阻抗值较大，防护效果较好。

6.9   基于 SEM 基体的腐蚀与防护形貌分析

采用北京科技大学的德国蔡司扫描电镜 EVO18（见图 6-43）观察试样经腐

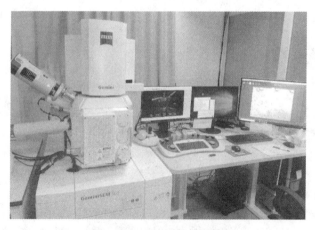

图 6-43   EVO18 扫描电镜

蚀试验后的表面形貌，扫描电子显微镜是通过高能电子束入射轰击样品表面以激发如二次电子、俄歇电子、X 射线、背散射电子等电信号来获取试样表面各种物理、化学信息，如表面形貌、晶体结构、电子结构等，近年来已经广泛应用于生物、医学、材料等领域的形貌观察、表面分析等。

6.9.1 基体腐蚀后形貌分析

图 6-44（a）和（b）分别为浸泡试验前 316L 不锈钢的表面放大 150 倍和 2000 倍的微观形貌。从图中可以看出，打磨后不锈钢表面比较光滑，仅有一些小的黑色杂质和打磨的刻痕。

图 6-44   浸泡试验前 316L 不锈钢表面微观形貌

（a）150 倍；（b）2000 倍

图 6-45（a）～（c）分别为不锈钢试样在三种不同腐蚀环境中短期浸泡 7d 后放大 2000 倍的局部微观形貌。从图中可以看出，浸泡 7d 后的试样在 pH=1.5 的极端酸性环境中的微观形貌与浸泡试验前不锈钢试样基本相同，表面比较光滑，基本没有腐蚀。在 pH=3 和 pH=7.5 的环境中浸泡 7d 后的试样表面出现一些腐蚀液的白色结晶产物，也有少量点蚀坑出现，表明浸泡初期 316L 不锈钢表面出现轻微的破坏，点蚀坑浅且平整，点蚀坑周围其他区域基本保持完整。

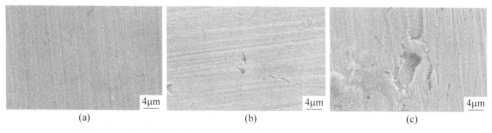

图 6-45   不锈钢试样在不同腐蚀环境中浸泡 7d 后的表面微观形貌

（a）pH=1.5；（b）pH=3；（c）pH=7.5

图 6-46 分别为不锈钢试样在三种不同腐蚀环境中长期浸泡 4m 和 12m 后放大 2000 倍的局部微观形貌。从图中可以看出，在 pH=1.5 的极端酸性环境中分别浸泡 4m 和 12m 后试样的微观形貌与浸泡试验前不锈钢试样基本相同，表面比较平整光滑，基本没有腐蚀。在 pH=3 和 pH=7.5 的腐蚀环境中浸泡 4m 和 12m 后的试样，某些区域伴随有腐蚀液的结晶产物，表面局部区域出现明显的点蚀坑，蚀坑数量也明显增多，且在 pH=3 的腐蚀环境下蚀坑范围较大，表明在此环境中不锈钢试样腐蚀较严重。同一腐蚀环境中，将长期浸泡 4m 和 12m 的试样相比，浸泡 12m 后试样的点蚀坑范围较大，浅表型的点蚀坑发展成为有规则的圆形或者类圆形点蚀坑，表明长期浸泡后不锈钢试样表面局部区域破坏程度有所提高。

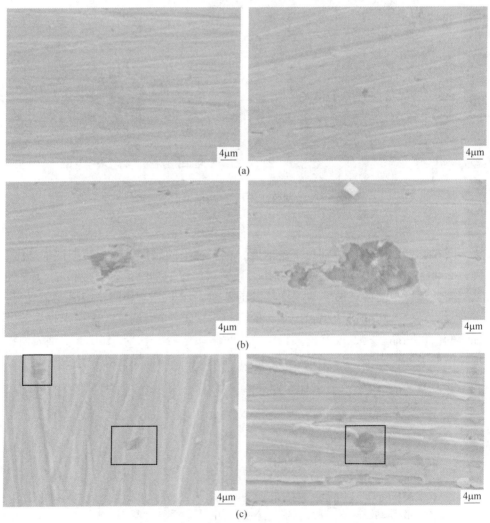

图 6-46　不锈钢试样在不同腐蚀环境中浸泡 4m 和 12m 后表面微观形貌（右侧为 12m）

（a）pH=1.5；（b）pH=3；（c）pH=7.5

6.9.2 基体防护后形貌分析

图 6-47 所示为三种不同柠檬酸-硝酸铈聚苯胺添加量（分别为 2%、6%、10%）的有机涂层试样浸泡 0d 放大 500 倍的表面微观形貌。从图中可以看出，三种不同添加量的有机涂层表面十分平整致密，颗粒分散性很好，柠檬酸-硝酸铈聚苯胺添加量为 10% 的有机涂层表面颜色较深。

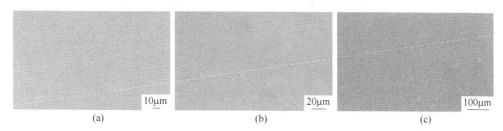

图 6-47　三种不同柠檬酸-硝酸铈聚苯胺添加量的有机涂层试样浸泡 0d 的表面微观形貌
(a) 2%；(b) 6%；(c) 10%

图 6-48 所示为三种不同柠檬酸-硝酸铈聚苯胺添加量（分别为 2%、6%、10%）的有机涂层试样在两种不同腐蚀环境中浸泡 7d 后放大 500 倍的表面微观形貌。从图中可以看出，经过 7d 浸泡后的有机涂层表面出现白色颗粒，可能为涂层试样从腐蚀模拟液取出后表面残留的 NaCl 结晶固体，此外三种不同柠檬酸-

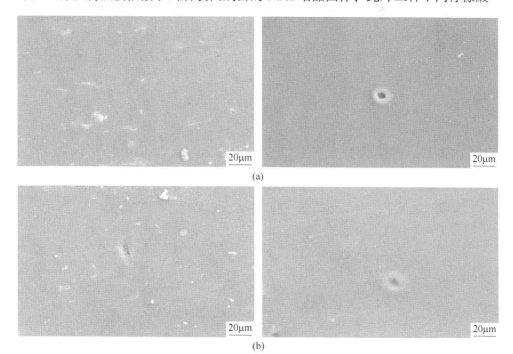

(a)

(b)

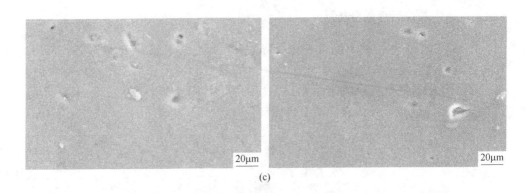

图 6-48　三种不同柠檬酸-硝酸铈聚苯胺添加量的有机涂层试样浸泡 7d 后的表面微观形貌
（左侧腐蚀模拟液环境为 pH=3，右侧为 pH=7.5）
（a）2%；（b）6%；（c）10%

硝酸铈聚苯胺添加量的有机涂层表面局部区域也出现了一些微孔，可能为腐蚀液引起的起泡区，但均未观察到基体露出的现象。

　　图 6-49 所示为三种不同柠檬酸-硝酸铈聚苯胺添加量（分别为 2%、6%、10%）的有机涂层试样在两种不同腐蚀环境中长期浸泡 8m 后放大 500 倍的表面微观形貌。从图中可以看出，经过 8m 浸泡后的有机涂层表面出现大量白色颗

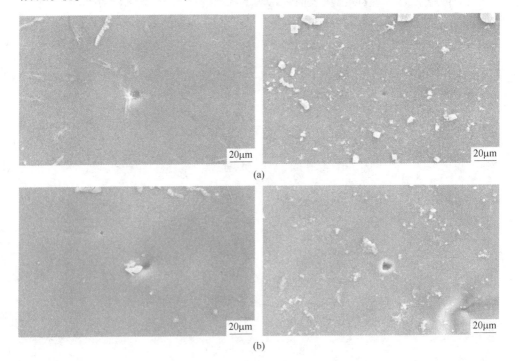

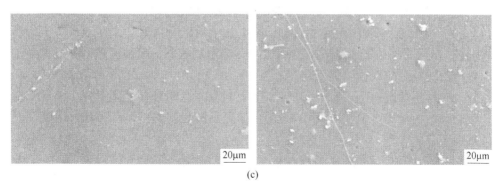

(c)

图 6-49 三种不同柠檬酸-硝酸铈聚苯胺添加量的有机涂层试样浸泡 8m 后的表面微观形貌
（左侧腐蚀模拟液环境为 pH = 3，右侧为 pH = 7.5）
(a) 2%；(b) 6%；(c) 10%

粒，可能为涂层试样从腐蚀模拟液取出后表面残留的 NaCl 结晶固体，此外三种不同柠檬酸-硝酸铈聚苯胺添加量的有机涂层表面局部区域也出现了一些微孔，可能为腐蚀液引起的起泡区，但均未观察到基体露出的现象。

6.10　本章小结

  本章以尾矿库监测仪器和传感器外壳的主要材质 316L 不锈钢为试样，运用宏观和微观形貌分析、失重法测试、开路电位测试、极化曲线测试和电化学阻抗谱测试等方法，展开了在 pH = 1.5 的酸性腐蚀模拟液、pH = 3 的酸与盐卤水混合腐蚀模拟液、pH = 7.5 的盐卤水腐蚀模拟液三种环境下的挂片浸泡腐蚀试验，研究三种不同腐蚀环境以及不同浸泡周期对不锈钢试样的腐蚀作用规律。基于腐蚀试验得出的结论，自制防护涂层，研究了 pH = 3 的酸与盐卤水混合腐蚀模拟液、pH = 7.5 的盐卤水腐蚀模拟液两种化学条件下 316L 不锈钢防护涂层的可靠性。最后利用 SEM 扫描电镜从微观角度分析了 316L 不锈钢腐蚀和防护涂层的作用效果。主要得出以下结论：

  （1）从宏观和微观形貌分析发现，316L 型不锈钢试样在 pH = 1.5 的极端酸性环境中基本不发生腐蚀，经过长期 12m 浸泡后表面也没有特别明显的锈蚀痕迹，不锈钢试样耐酸腐蚀性较强。而在 pH = 3 的酸加海水和 pH = 7.5 的海水腐蚀环境中，不锈钢试样表面随着浸泡时间的增加，金属光泽明显减弱，出现了明显的黄褐色锈点和点蚀坑，不锈钢试样均发生了点蚀现象。

  （2）从浸泡后的 316L 型不锈钢试样失重法测试分析发现，在三种不同环境下试样腐蚀速率都是随着浸泡时间的延长呈下降趋势，并且在浸泡的前 30d，不锈钢试样的腐蚀速率较快，经过 30d 的浸泡腐蚀后，腐蚀速率趋于稳定。此外不锈钢试样在 pH=3 的腐蚀环境中前 30d 的腐蚀速率变化幅度最大，腐蚀最严重。

（3）从浸泡后的 316L 型不锈钢试样电化学测试分析发现，在 pH=1.5 的腐蚀环境中，不锈钢试样短期内钝化膜处于逐渐形成状态，耐蚀性越来越好，经过长期浸泡腐蚀后耐蚀性略微有降低；在 pH=3 和 pH=7.5 的腐蚀环境中，316L 不锈钢试样短期内由于表面形成一层致密的钝化膜，耐蚀性逐渐变好，经过长期浸泡腐蚀后由于海水中侵蚀性 Cl^- 的存在加速了钝化膜的溶解和破坏，耐蚀性下降幅度明显增大。

（4）通过扫描电镜微观形貌分析可以发现，未浸泡的三种不同柠檬酸-硝酸铈聚苯胺添加量的有机涂层表面十分平整致密，颗粒分散性很好。经过短期 7d 和长期 8m 在两种不同腐蚀环境中浸泡后，三种不同柠檬酸-硝酸铈聚苯胺添加量的有机涂层表面均出现可能为 NaCl 的白色结晶颗粒，并伴随有一些微孔出现，但都未观察到基体金属露出，有机涂层防护性能较好。

（5）通过对有机涂层试样不同腐蚀环境、配比和浸泡周期条件下的开路电位和极化曲线的对比，发现经过长期 8m 浸泡后的有机涂层试样比短期 0d 和 7d 浸泡后的耐蚀性低，原因是可能有腐蚀介质从涂层表面微孔渗入，涂层受损；而且有机涂层试样经过长期 8m 浸泡后在 pH=3 的腐蚀模拟液环境中比在 pH=7.5 的腐蚀模拟液环境中腐蚀更严重。

（6）通过对有机涂层试样不同腐蚀环境、配比和浸泡周期条件下的电化学阻抗谱的分析对比，发现有机涂层试样长期 8m 浸泡后，低频即 0.01Hz 时的阻抗值的大小较浸泡 0d 时下降了两个数量级，在长期浸泡后腐蚀介质已经通过涂层表面的微孔渗入涂层并到达涂层/基底界面，有机涂层阻挡保护作用已大大减弱，并且掺杂 10%柠檬酸-硝酸铈聚苯胺的有机涂层试样阻抗模值较大，防护性能较好。

（7）有机涂层试样在 0.01Hz 处的阻抗值与同挂片同浸泡周期的裸样相比，升高了两个数量级，因此柠檬酸-硝酸铈聚苯胺/环氧树脂聚合有机涂层具有良好的防腐性能，可以保护基体金属。该涂层的制备，本课题组已经申请发明专利（申请号：202011385193.9）。

7 基于深度学习的尾矿库浸润线预测研究

7.1 概 述

浸润线是排放在尾矿库中的液态尾矿由于渗流作用在坝体横截面上形成的一条渗流曲线，浸润线作为尾矿库生命线，其位置高低与尾矿库安全程度密切相关，浸润线位置过高会使尾矿库坝体稳定性降低，进而导致尾矿库不安全事故的发生。因此，准确掌握浸润线高度，及时提高坝体抗滑稳定安全系数对确保尾矿库正常运行至关重要。然而浸润线高度受多种因素影响，其呈非线性变化，为准确有效预测浸润线高度及变化趋势带来了困难。对于浸润线位置的测量，最常用的是人工测压管法和孔隙水压力传感技术，除此之外，我国安全生产科学研究院马海涛等研究了高密度电阻率法计算浸润线高度；兰天等研究了分布式光纤测温原理测量浸润线的方法，该方法是使用了电流加热测温原理，采用热捕捉的方式来获取浸润线高度，实验证实该法比测压管法更可靠、迅速。随着精密仪器的快速发展以及自动化程度的不断提高，高精度传感器的开发及监测方法的研究发展迅速。韩国的 KDSMS 系统，意大利的 DAMSAFE、MIDAS 系统，以及法国的大坝监测系统，都采用了高精度渗压计测量浸润线高度，我国也已开发出尾矿坝自动化安全监测系统，并逐步推广应用。然而尾矿库监测系统产生海量的数据和资料随自动化监测系统的应用和监测时间的推移越来越多，现有监测系统多数只是对原始数据进行简单显示、简单统计和静态评价，缺乏有效分析和理解这些数据的手段，分析深度不够，对于浸润线变化不能准确有效的预测。

深度学习是用于建立、模拟人脑进行分析学习的神经网络，并模仿人脑的机制来解释数据的一种机器学习技术。它的基本特点是试图模仿大脑的神经元之间传递、处理信息的模式。神经网络是其主要的算法和手段，我们可以将深度学习称之为改良版的神经网络算法。本文将深度学习用于处理监测系统海量数据中，对数据进行处理和分析，并将影响浸润线变化的特征输入到深度学习预测模型中，选择不同的预测模型对浸润线进行回归预测，达到了比较理想的预测效果，可以为浸润线预测和尾矿库安全预警提供决策依据，以全面提升监测系统对重大灾害的智能分析和控制能力，减少重特大事故的发生。

7.2 陈坑尾矿库浸润线预测研究

7.2.1 陈坑尾矿库监测系统简介

本章将福建马坑矿业股份有限公司陈坑尾矿库作为研究对象，经过为期一周的实地调研，调查了尾矿坝在线监测系统、传感器属性与工作方式、各项监测指标、尾矿坝工作方式以及该尾矿坝的地质水文资料。为了便于结合实际工程情况展开科研，研究小组利用无人机航拍多方面、多维度观察尾矿坝的整体面貌，咨询了矿山管理人员和技术人员尾矿坝历史突发状况，例如浸润线位置波动较大的时刻、该地区降雨量较大的日期等。结合上述工作对提取出的总样本进行数据清洗和预处理等工作后建立陈坑尾矿库数据集，下面进行分开阐述。

7.2.1.1 尾矿库与在线监测系统

选取福建省马坑矿业股份有限公司陈坑尾矿库作为研究对象。陈坑尾矿库俯瞰图如图 7-1 所示，该图为在矿上调研期间使用大疆无人机航拍拍摄。

图 7-1 陈坑尾矿库俯瞰图

福建马坑矿业股份有限公司是国有企业，尾矿库的在线监测布置较为完善，设计初期坝为透水堆石坝，坝体标高为 420m，坝顶标高为 460m；尾矿坝最终堆积标高为 625m，尾矿堆积坝高为 165m，总坝高为 205m，尾矿库总库容为 $4781.1 \times 10^4 \mathrm{m}^3$，有效库容为 $3346 \times 10^4 \mathrm{m}^3$，根据国家安全生产监督管理局发布的《尾矿库安全技术规程》（AQ 2006—2005），该尾矿库属于二等库，尾矿库具体等级划分如表 7-1 所示。该库所在地区降雨充沛，库区位于构造侵蚀中低山峡谷中，地势总体东西往西逐渐降低，南北面总体为东西走向的山脉，构成近东西走向的"沟谷型"尾矿库，且沟谷底由东向西走向逐渐降低。陈坑尾矿库库区内只有施工工人和监测系统管理工程师。但库区地下存在煤矿，且尾矿库下游附近有居民点、国道、申报站、火电厂等设施，符合"头顶库"的特征，一旦发生溃坝，将造成极为恶劣的影响，因此具有重要的研究意义。根据福建省马坑矿业股份有限公司陈坑尾矿库《安全验收评价报告》，陈坑尾矿库下游设施顺序依次为：

（1）陈坑尾矿库主沟下游出口约600m位置为下崎濑村居民点，经调查18户居民宅坐落主沟出口两侧。

（2）陈坑尾矿库主沟下游出口650m处有崎濑溪和319国道穿过，崎濑溪和319国道大致呈南北走向，尾矿库主沟呈东西走向并汇入崎濑溪。

（3）319国道西侧有龙岩市煤炭税费申报站。

（4）尾矿库下游3300m处建有春迟火电厂。

（5）尾矿库下游约5000m处坐落有王庄村，居民有120余户。

表7-1　尾矿库等级划分

等　级	全库容 $V/10^4\,\mathrm{m}^3$	坝高 H/m
一	二等库具备提高等别条件者	
二	$V \leqslant 10000$	$H \geqslant 100$
三	$1000 \leqslant V < 10000$	$60 \leqslant H < 100$
四	$100 \leqslant V < 1000$	$30 \leqslant H < 60$
五	$V < 100$	$H < 30$

陈坑尾矿库自动化安全监测系统由中国安全生产科学研究院研制，在尾矿库北侧的山坡上设置控制房，控制房与生活区在一起，主要放置的设备包括数据服务器、UPS（Uninterrupted Power Supply）电源等。系统由坝面位移监测子系统、浸润线监测子系统、视频监测子系统、库水位监测子系统、降雨量监测子系统、放雷子系统、预警软件子系统等组成，如图7-2所示。

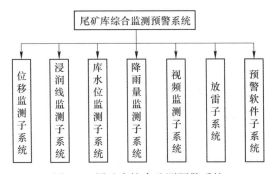

图7-2　尾矿库综合监测预警系统

各监测传感器具有采集、存储、显示、数据传输、管理、报警、监测实时数据的功能，如图 7-3 所示。图 7-3 （b）~（d） 分别是安置在尾矿库上的传感器，通过布线将实时采集的数据汇总到在线监测系统中的监测平面上。虽然该监测系统具有一定的预警功能，但只是通过设定安全阈值：超过阈值视为预警，未超阈值视为安全的简单手段来完成，并不是安全预警的有效方法，因此本章拟利用科学有效的方法设计一个针对监测指标的预警功能并开发相应程序弥补该监测系统只能监测不能有效预测的缺陷。

图 7-3　在线监测系统及传感器

（a）在线监测平面；（b）坝体位移监测；（c）孔隙水压力监测；（d）浸润线监测

7.2.1.2　尾矿库监测指标

陈坑尾矿库自动化安全监测系统因服务周期长，尾矿库在后续的坝体加高过程中，尾矿坝高度会大幅增加，因此监测传感器务必要遵循系统布点的严谨性和经济性，整体设计统筹考虑。福建马坑矿业股份有限公司陈坑尾矿库共有 5 类监测对象，具体如下：

（1）位移监测，坝体位移监测；

（2）渗流监测，浸润线监测；

（3）干滩监测，滩顶高程、干滩长度、干滩坡度监测；

（4）水文监测，库水位和雨量监测；

（5）视频监测。

其中，经过实地考察发现该尾矿库干滩长度很长，其历史最小长度也大于200m，库区的干滩监测建设较晚，与其他监测指标无法形成时间上的对应，因此根据《尾矿库安全监测技术规范》（AQ 2030—2010）以及福建马坑矿业股份有限公司陈坑尾矿库的总体状况，本研究选择坝体位移、浸润线、库水位和降雨量等指标作为数据源。

A　坝体位移监测

a　位移观测房的布置

尾矿库北侧山坡设置观测房，与生活区在一起。220V 电源拉至位移观测房，并设置观测房的安全控制开关和过流保护装置。

b　位移观测设施及数据传输

尾矿坝位移监测采用全自动全站仪，系统精度为 1mm+1ppm×D，其中，D 表示位移监测中心与监测点间的距离。位移观测房与控制房距离较近，数据通过 RS-485 线直接由位移观测中心传输到控制房。

c　监测点的布置

位移监测点共计41个，其中初期坝设位移监测点9个，堆积坝布置位移监测点32个。

d　监测点预警参数设置

系统运用内置算法可计算出预警警戒值，但通常为人为设定，细分三级预警。

B　浸润线监测

a　监测设施

传感器选用北京江伟时代科技有限公司孔隙水压力监测站，按使用说明正常安置即可。通常安装在实际浸润线偏下位置，再利用布线连接多个观测点汇总至控制中心。

b　监测点的布置

浸润线监测点设置为32个，堆积坝每个剖面布置8个浸润线监测点，共布置4个剖面。

c　监测预警参数的设置

系统运用内置算法可计算出预警警戒值，但通常为人为设定，细分三级预警。

C　库水位监测

a　监测设施

传感器布置到溢水塔上，利用布线连接至控制房。

　　b　库水位监测点的布置

　　为了有效监测水位高度，将监测点布置在尾矿库的溢水塔中。由于陈坑尾矿库具有9个溢水塔，在布置时先布置在启动溢水塔上，在下一个溢水塔启动时，将传感器安装到下一个溢水塔上。

　　c　库水位监测预警参数设置

　　系统运用内置算法可计算出预警警戒值，但通常为人为设定，细分三级预警。

　　D　降雨量监测

　　选择华云仪器设备有限公司的华云雨量监测器布置在控制房上方，进行长期雨量监测。

　　本研究是预测未来三天的浸润线位置，根据实际需求无需选择所有的监测点，只需选择堆积坝480~490m子坝坝顶监测点的传感器即可。福建马坑矿业股份有限公司陈坑尾矿库研究所用监测传感器配置及相关参数如表7-2所示。

表 7-2　陈坑尾矿库堆积子坝 480~490m 处传感器设备

名　　称	安装位置	功　　能	采样周期/次·天⁻¹	数量
坝体位移监测箱	堆积坝480~490m子坝坝顶	实时采集坝体位移	48	4
孔隙水压力监测站	堆积坝480~490m子坝坝顶	实时采集浸润线埋深	12	4
库水位监测器	溢水塔	实时采集库水位高度	24	1
雨量监测器	监控室上方	实时采集降雨量	24	1

7.2.2　数据清洗分析与可视化方法

　　数据是深度学习的原料，在把数据投入深度学习模型前，需要对原始数据进行加工。原始数据通常是脏数据。所谓脏即数据存在：（1）数据缺失（Incomplete）是属性值为空的情况。（2）数据噪声（Noisy）是数据值不合常理的情况。（3）数据不一致（Inconsistent）是数据前后存在矛盾的情况。（4）数据冗余（Redundant）是数据量或者属性数目超出数据分析需要的情况。（5）数据集不均衡（Imbalance）是各个类别的数据量相差悬殊的情况。（6）离群点/异常值（Outliers）是远离数据集中其余部分的数据。（7）数据重复（Duplicate）是在数据集中出现多次的数据。

　　通常数据进行预处理有如下步骤。

7.2.2.1　数据清洗（Data Cleansing）

数据清洗阶段主要是处理缺失数据、离群点和重复数据。缺失数据的处理方式主要有：（1）平均数填充、中位数填充、众数填充、最大值填充、最小值填充、固定值填充、插值填充等；（2）建立一个模型来"预测"缺失的数据，如机器学习中的支持向量机等，在用模型预测缺失值之前首先引入虚拟变量来表征是否有缺失，是否有补全。对于重复数据和离群点，本书处理方法为删除重复的和不合理的数据点。缺失值使用自动填补法中的插值法处理，在原始数据的基础上采用机器学习中的多项式回归方法，拟合原始数据的分布情况，再使用拟合的模型预测缺失值，将预测值通过插值法填补到缺失位置。机器学习中的多项式回归，通过系数构造多项式特征来扩展简单的线性回归，对于二维数据，有模型：

$$\hat{y}(w,\ x) = w_0 + w_1x_1 + w_2x_2 \tag{7-1}$$

要使曲线拟合数据而不是用直线，可以将特征组合到二阶多项式中，得到模型：

$$\hat{y}(w,\ x) = w_0 + w_1x_1 + w_2x_2 + w_3x_1x_2 + w_4x_1^2 + w_5x_2^2 \tag{7-2}$$

式（7-2）的模型依旧是个线性模型，对于式（7-2）假设：

$$z = \left[x_1,\ x_2,\ x_1x_2,\ x_1^2,\ x_2^2 \right] \tag{7-3}$$

则式（7-2）描述的模型可以转为

$$\hat{y}(w,\ z) = w_0 + w_1z_1 + w_2z_2 + w_3z_3 + w_4z_4 + w_5z_5 \tag{7-4}$$

由式（7-4）可知多项式回归与式（7-1）描述的线性模型属于同一类，并且可以通过相同的方法解决问题。这些基础函数构建的线性模型拟合高维空间数据，可以使该模型灵活地适应更大范围的数据。

7.2.2.2　数据转换（Data Transformation）

数据类型可以简单划分为数值型和非数值型。数值型有连续型和离散型。非数值型有类别型和非类别型，其中类别型特征中如果类别存在排序问题为定序型，若不存在排序问题则为定类型，非类别型是字符串型。对于非数值型，我们需要进行类别转换，即将非数值型转换为数值型，以方便机器学习算法后续处理。将这些类别特征转化成神经网络可以使用的方法是：使用 one-of-K 或者 one-hot 编码（独热编码 One Hot Encoder）。它可以把每一个有 m 种类别的特征转化成 m 种二值特征。为了消除数据特征之间的量纲影响，需要对特征进行标准化处理，使不同指标之间具有可比性，对浸润线数据、库水位数据和天气数据（编码之后）进行标准化处理，本书使用 z-score 标准化，其计算公式如下：

对于序列 x_1, x_2, $\cdots$, x_n 有

$$y_i = \frac{x_i - \bar{x}}{S} \tag{7-5}$$

式中, $\bar{x} = \dfrac{1}{n} \sum_{i=1}^{n} x_i$, $S = \sqrt{\dfrac{1}{n-1} \sum_{i=1}^{n} (x_i - \bar{x})^2}$ 。

对于新序列 y_1, y_2, $\cdots$, y_n, $\bar{x} = 0$, $S = 1$, 而且新序列没有量纲。需要注意的是：在最后应用时，需要在模型预测出结果后对数据进行反标准化以得到真正的预测值。

7.2.2.3　数据描述（Data Description）

通过各种统计图表或统计值初步描述数据的分布情况和分布规律。如散点图可以反映两变量之间的相关性；直方图可以反映数据的分布情况；折线图可以反映变量的变化趋势；盒须图如图 7-4，能提供有关数据位置和分散情况的关键信息，尤其在比较不同的母体数据时更可表现其差异，用其来描述离散值与连续值之间的关系；统计数据的标准差（σ），使用其作为统计分布程度上的测量依据，反映数据的分散程度，计算公式如下：

对于序列 x_1, x_2, $\cdots$, x_n 有

$$\sigma = \sqrt{\frac{\sum_{i=1}^{n} (x_i - \bar{x})^2}{n}} \tag{7-6}$$

式中, $\bar{x} = \dfrac{1}{n} \sum_{i=1}^{n} x_i$。

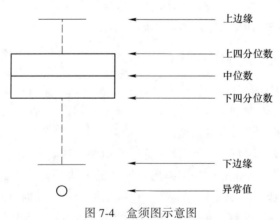

图 7-4　盒须图示意图

由于本书使用的神经网络模型较为复杂，数据特征量不大，所以没有对数据

进行特征选择和特征抽取相关工作。本书数据清洗分析与可视化工作基于 Python 的 Numpy、Pandas 和 Matplotlib 三个库完成。

本书将福建马坑矿业股份有限公司陈坑尾矿库作为研究对象，所有浸润线、库水位和坝体位移的数据都来自于陈坑尾矿库自动化安全监测系统，在线监测系统将监测数据存储在本地 SQL Sever 数据库中，根据矿山工作人员介绍原始数据由于各种原因存在两个问题：（1）传感设备失灵或更换之际，采集数据失败；（2）传感器由于有人为操作痕迹，出现异常数据。

表 7-3 为传感器设备失效时间。

表 7-3 传感器设备失效时间

传感器设备	失 效 日 期
坝体位移传感器	2018/8/16～2018/8/18、2018/9/10～2018/9/13、2019/4/4～2019/4/7、2019/7/7～2019/7/8
浸润线传感器	2018/8/16～2018/8/17、2018/8/20～2018/8/22、2019/3/10～2019/3/12、2019/7/1
库水位传感器	2018/8/25～2018/8/26、2018/10/1～2018/10/3、2019/5/3～2019/5/4、2019/7/1

天气数据则通过 Python 爬虫从天气预报网爬取福建龙岩市从 2016～2020 年 5 月的天气信息，包括天气情况和当日最高温和最低温。

7.2.3 天气数据处理与分析

天气数据通过爬虫爬取，无缺失值处理，但需要去除重复值，由于浸润线数据统计范围为 2016 年 11 月 15 日～2020 年 2 月 20 日，所以天气统计时间区间也在这个时间区间，通过天气统计图图 7-5 分析可知，在 2016 年 11 月 15 日～2020 年 2 月 20 日共计 1192 天时间里：龙岩市 33.5% 的时间天气是多云，23.7% 的时间天气是小雨，天气为阴晴的时间各占 15.1% 和 13.8%，小雨以外下雨天占 13.9%。下雨的天气共占比 37.6%，下雨较为频繁，但下雨天气中小雨占比达

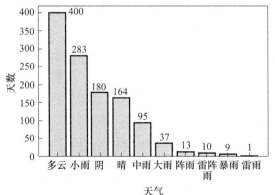

图 7-5 龙岩市天气统计图

63.0%。总体来看在 1192 天的时间范围内，龙岩的强降雨天气占比较少，较少的下雨量能使尾矿库处在一个较为安全的状态下。由于所用数据特征（天气）不是数值型数据，将类别型数据（天气）经过 one-hot 编码转为数值型数据。

7.2.4　浸润线数据处理与分析

7.2.4.1　浸润线数据清洗及可视化

主要有 4 个传感器监测浸润线，因此得到四个不同的浸润线数据集，本节主要介绍编号为 j2-1 传感器监测的浸润线数据的处理方法，其他传感器监测的浸润线数据依照相同方式处理即可，编号为 j2-1 的传感器监测的浸润线数据记录从2016 年 11 月 15 日~2020 年 2 月 20 日，共计 11938 条数据。由于现场工作环境复杂和传感器会出现不稳定的情况，数据库中存储的浸润线数据存在缺失值和离群点，原始数据随时间变化的散点图如图 7-6（a）所示，浸润线埋深的分布情况如图 7-6（b）所示，可以看出浸润线埋深绝大多数分布在 17~20m 之间。

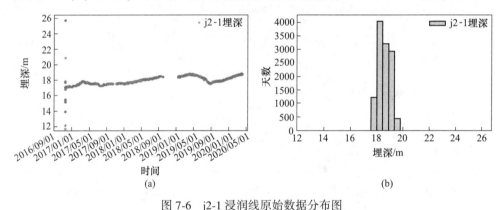

图 7-6　j2-1 浸润线原始数据分布图
（a）原始数据随时间变化散点图；（b）浸润线埋深分布图

根据矿山安全报告可知：尾矿库并未发生巨大安全事故，所以判断过大和过小的数据属于错误数据。错误数据的存在不利于时序数据的分析和后期的预测，参考数据处理经验并结合矿山实际情况，对错误数据的处理方式为对浸润线数据做一个百分位裁剪，将上下阈值设为 99.7 百分位和 3 百分位，即将所有大于上阈值的浸润线数值和小于下阈值数值视为错误数据，并将错误数据删除。将错误数据删除之后编号为 j2-1 的传感器记录的浸润线数据分布情况如图 7-7 所示。由图 7-7 可以看出，浸润线埋深主要分布在 17.75~19.5m 范围内，分布较为平均，在 18.25m 范围左右数据分布较为集中，浸润线埋深变化主要为从增大到减少然后再增大再减小的循环之中，说明尾矿库浸润线埋深随时间的变化是存在规律的。使用深度学习的方法进一步探索尾矿库浸润线的变化是有必要的和可行的。

浸润线总体走势随尾矿库运行时间的变长而不断上升，运行时间越往后浸润线的最大值在不断变大。所以在尾矿库运行后期更应该加强对尾矿库的安全管理，由图像分布可知在每年 1 月到 5 月时间段内，浸润线不断变大并在某一天达到周期最大值，因此尾矿库在这个时间段容易发生浸润线过高的风险，此时应该加强安全监测管理，确保应急处理措施能顺畅展开，及时处置浸润线过高的问题。

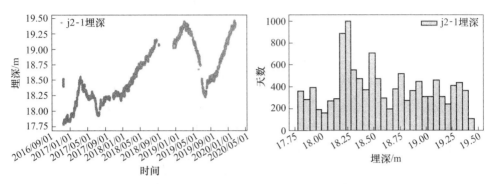

图 7-7　j2-1 浸润线去除异常点后数据分布图

通过统计，发现浸润线数据以日为单位统计的标准差范围在 0~0.08，且主要集中分布与 0~0.02，以月为单位统计的标准差的范围在 0~1.80 且主要分布于 0~0.25（见图 7-8）。两者的标准差分布范围都很小，说明浸润线每日和每月的变化起伏不大，属于缓慢变化的状态，但从上面的浸润线走势来看，即使是微小的变化也会被时间不断放大，由此可以看出风险往往是由小变化不断积累引发的，所以对于尾矿库安全管理来说，即使是监测指标发生很小的变化也不能疏忽，尤其在尾矿库运行后期应该加强对尾矿库浸润线的监测和管理。

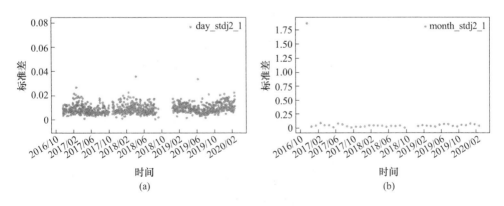

图 7-8　浸润线日标准差和月标准差
（a）日标准差；（b）月标准差

7.2.4.2　浸润线数据缺失值处理

由资料可知在传感器故障或者更换的时候，会出现浸润线监测中断的情况，从而导致原始数据中浸润线在某些时间段内没有监测值。由于将浸润线的数据当作一个随时间变化的序列进行处理，对浸润线预测主要通过前面几个时间步长的数据预测下一个时间步长的数据，如果序列出现中断不利于模型的预测。本文采用机器学习中的多项式回归方法做回归预测，先在已有的浸润线数据上对浸润线变化趋势拟合，然后再用拟合的模型预测出缺失位置的具体数值。由于浸润线每日数据甚至月数据变化范围不大，所以使用多项式回归拟合再进行插值法填充缺失值的方法是合理的。依据矿山提供的资料结合浸润线数据分布情况图，先找出存在缺失值的时间段，然后依照浸润线传感器的设定监测频率即每天监测 12 条数据的频率，在有缺失值的时间段生成相应的时间序列，再将带着缺失值的时间序列插入原始数据中，图 7-9（a）显示的是插入有缺失值的时间序列之后原始数据随时间变化的散点图，红色曲线是浸润线在机器学习的多项式拟合下所拟合出来的线，通过该拟合模型补充浸润线缺失的点，补充完缺失值后浸润线埋深随时间的变化情况如图 7-9（b）所示，蓝色点为根据模型拟合的预测值，红色点为原始数据。

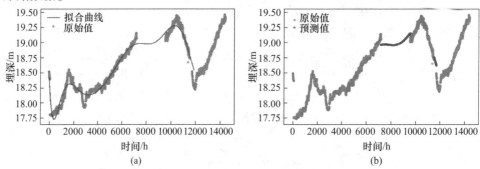

图 7-9　浸润线多项式拟合图和浸润线填充值与原始值对比图
（a）浸润线多项式拟合图；（b）浸润线填充值与原始值对比图

7.2.5　库水位数据处理与分析

7.2.5.1　库水位数据清洗及可视化

库水位数据记录时间从 2016 年 10 月 1 日~2020 年 2 月 19 日，共计 20917 条数据，库水位原始数据分布如图 7-10 所示。

根据图像并结合矿山尾矿库实际运行情况可以发现原始数据存在明显不合理的异常值，根据数据预处理经验对库水位数据做一个百分位裁剪，将上下阈值设

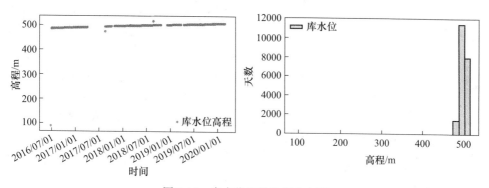

图 7-10 库水位原始数据分布图

为 99.7 百分位和 3 百分位，即将所有大于上阈值的浸润线数值和小于下阈值数值视为错误数据，删除错误数据。将错误数据去除之后库水位高程值随时间的变化情况如图 7-11 所示。库水位高程随时间的变化不断增加，主要分布范围在485~510m 之间，分布较为均匀，无明显的突变点，说明尾矿库对库水位高程控制较为合理。库水位每日数据标准差如图 7-12 所示，其标准差分布范围在 0~0.5 且主要集中分布于 0~0.1 之间。虽然根据目前数据看出矿山对尾矿库库水位高程控制得比较合理，但库水位高程随时间单调递增，所以在尾矿库运行后期即使控制状态保持一致状态，尾矿库在运行后期其库水位也会达到一个较大的值，这需要我们在后期重点关注库水位的变化情况，制定新的措施使库水位高程始终处在安全范围内。

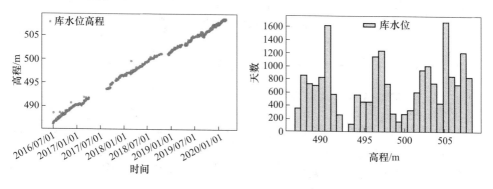

图 7-11 库水位去除异常值之后数据分布图

7.2.5.2 库水位数据缺失值处理

与尾矿库浸润线数据缺失值处理不同的是，库水位数据是作为浸润线的特征输入深度学习预测模型中，需要先将浸润线与库水位数据合并成一个表，通过库

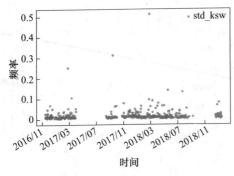

图 7-12　库水位每日标准差

水位的真实值来补全缺失值，然后将没有与浸润线数据匹配的库水位数据删除，由于库水位变化范围小且与时间成明显的线性关系，因此依旧使用插值法填充缺失值，先使用机器学习中的多项式回归拟合真实值然后用拟合的模型预测缺失值并填充，不完整库水位高程的数据经过多项式拟合之后如图 7-13（a）所示，红色点为原始值，红色曲线为多项式拟合曲线，补充完缺失值之后的库水位分布图如图 7-13（b）所示，红色点为原始值，蓝色点为预测值。

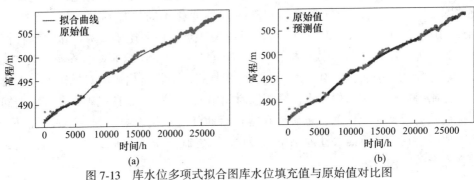

(a)　　　　　　　　　　　　　(b)

图 7-13　库水位多项式拟合图库水位填充值与原始值对比图
（a）库水位多项式拟合图；（b）库水位填充值与原始值对比图

7.2.6　浸润线、库水位与天气之间的相关性分析

7.2.6.1　浸润线与库水位

浸润线与库水位的关系图如图 7-14所示，x 轴为库水位每日平均高程，y 轴为浸润线每日平均埋深，由图可以看出浸润线埋深与库水位高程成正比关系。但是在库水位高程在 493~495m 和大于 501m 区间上，浸润线埋深随库水位高程增加而减小。总之库水位的变化会影响浸润线的变化，因此可以将库水位作为影响浸润线变

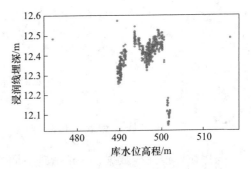

图 7-14　浸润线埋深随库水位高程变化图

化的特征输入到深度学习预测模型中。

7.2.6.2 天气对浸润线和库水位影响

天气与库水位高程的盒须图如图 7-15（a）所示，不同的天气情况下库水位高程分布都比较接近，只有小雨的时候有一个离群点，离群点若不是错误数据则说明尾矿库安全管理人员对非恶劣天气的重视程度不够，存在侥幸思维，使得非恶劣天气出现库水位高程超高。在多云和阴的情况下库水位高程中位数值较高，而在大雨情况中位数却是较低的，仅高于天气晴的情况，这样侧面说明在无雨或者天气良好的情况之下，矿山安全管理人员对水位变化重视程度不够，而暴雨、雷雨天气下库水位的数据收集较少不具有统计价值。总体库水位在尾矿库安全管理人员的管理下，各个天气情况下的库水位高程随时间的变化都被压缩到一个较小的范围。

天气与浸润线的盒须图如图 7-15（b）所示，阴天天气和雷阵雨天气情况下出现较多的偏低的浸润线数值点，天气情况为大雨、晴和暴雨、雷雨天气时浸润线分布比其他天气情况较为集中在 12.4~12.6m 之间，根据该图发现多云情况下浸润线出现了较多的高值点，与前面库水位的分析结合得出：矿山安全管理人员对非恶劣天气时水的危害性重视不够，但是龙岩市 33.5% 的时间里天气是多云情况，在良好天气情况下对安全管理的忽视被时间放大，因此应该加强尾矿库安全管理人员的危机意识，而不是简单的在下雨天气时才对尾矿库水位进行管理。在不同天气情况下暴雨天气的浸润线埋深中位数最高，晴天天气下浸润线埋深中位数最低。总体而言不同天气情况对浸润线存在不同的影响，因此将天气情况转为数值型数据后作为影响浸润线变化的特征维度是有必要的。

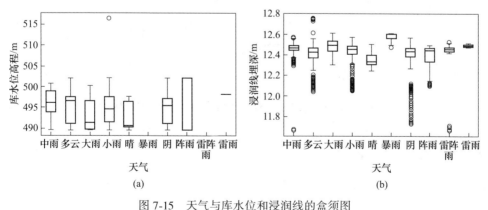

图 7-15　天气与库水位和浸润线的盒须图
（a）天气与库水位的盒须图；（b）天气与浸润线的盒须图

最后将补全缺失值的浸润线、库水位数据和经过 one-hot 编码的天气数据合并成一个表，得到 14414×12 的数据表，并将该表作为输入深度学习网络的数据。

7.2.7   时间序列数据切割

将经过数据预处理之后得到的干净数据拆分为训练集，验证集和测试集，三者的数据量划分方式为前 70%划分为训练数据集，中间 20%划分为验证集，最后 10%划分为测试数据集。

理论上浸润线和库水位的统计频率分别为 12 次/天和 24 次/天，但通过统计结果（见图 7-16）发现，由于生产环境与理论环境相差较大，虽然大部分时间点浸润线和库水位的监测频率与理论值相同，但还有不少时间不是以这个频率进行统计的。设计浸润线预测时间窗口为前 2 天值预测第 3 天值，虽然其监测频率不完全统一，但是由图 7-16（b）可以看出监测系统每天记录的数据小于等于 12 条，因此设计输入 24 条数据预测第 25 条数据，确保是使用大于等于两天的数据量来预测第 3 天的浸润线值。

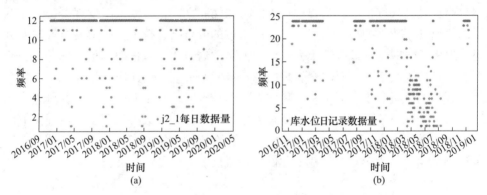

图 7-16   浸润线（a）和库水位（b）每日数据收集频率
（a）浸润线每日数据收集频率；（b）库水位每日数据收集频率

7.3   基于神经网络的浸润线预测研究

7.3.1   神经网络传播与求解原理

7.3.1.1   前馈过程

前馈神经网络中数据流由输入层到输出层称为前馈。我们可以定义一个预激活值（pre-activation），用符号 a 表示，代表的是该层网络输入数据的加权求和。对于输出层的 pre-activation，有输出层节点索引，用 k 表示：

$$a_k = \sum_{h \in H_L} w_{hk} X_h + b_k \tag{7-7}$$

式中, H_L 为前一层（隐含层）的所有的输出层节点集合（当前层输入）; w_{hk} 为链接前一层节点 h 和该层节点 k 的权重; b_k 为每个节点的偏置值。

则输出层节点的输出数据通过激活函数的映射作用输出:

$$o_k = f(a_k) \quad (k = 1, \cdots, K) \tag{7-8}$$

对于每一层, 都是经过如此处理: 加权求和, 然后再使用激活函数作用, 最终得到输出层数据。

7.3.1.2 激活函数

输入数据经过加权累加, 加上偏置项 b 的作用, 再经过非线性激活函数 (activation function) f 的作用, 得到当前层的输出结果 y 作为下一层的输入。激活函数的作用通常可以表示为

$$y = f(a) = f\left(\sum_{i=1}^{n} x_i w_i + \theta\right) \tag{7-9}$$

从式（7-9）看出, 激活函数给神经元引入了非线性因素, 使得神经网络可以任意逼近任何非线性函数。常用的激活函数有 Sigmoid、tanh 和 Relu 激活函数, 各个函数图像如图 7-17 所示, 函数表达式为式（7-10）~式（7-12）。从公式和图像可以看出 Sigmoid 将输入数据从 $[-\infty, +\infty]$ 映射到 $(0, 1)$, 当输入数据较大时, 激活函数的梯度值接近于零, 容易陷入梯度消失的情况; tanh 将输入数据从 $[-\infty, +\infty]$ 映射到 $(-1, 1)$, 当输入数据较大时激活函数的梯度值也出现接近于零的情况; Relu 函数计算简单, 将输入数据从 $[-\infty, +\infty]$ 映射到 $(0, +\infty)$, 当数据小于零时激活函数也出现梯度消失的情况。

$$\sigma(x) = \frac{1}{1 + e^{-x}} \tag{7-10}$$

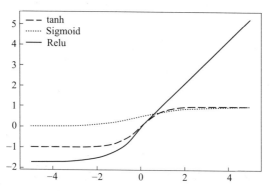

图 7-17　激活函数（tanh, Sigmoid 和 Relu）图示

$$\tanh(x) = \frac{e^x - e^{-x}}{e^x + e^{-x}} = \frac{e^{2x} - 1}{e^{2x} + 1} \qquad (7\text{-}11)$$

$$\text{Relu} = \max(0,\ x) \qquad (7\text{-}12)$$

7.3.1.3　误差反向传播

对于输出层，假设预测值为 y_k，真实值为 o_k，若是采用最小平方误差形式的损失函数，可以表示为

$$L = \frac{1}{2} \sum_{k=1}^{n} (y_k - o_k)^2 \qquad (7\text{-}13)$$

由于目标是计算误差对每层权重参数矩阵 $\boldsymbol{W}$ 的导数，但是目标函数中并没有权重矩阵，所有先将误差函数对输出层数据求导：

$$\frac{\partial L}{\partial o_k} = -(y_k - o_k) \qquad (7\text{-}14)$$

进而得到误差对 pre-activation 求导，采用链式法则求导得

$$\delta_k = \frac{\partial L}{\partial a_k} = \frac{\partial L}{\partial o_k} \times \frac{\partial o_k}{\partial a_k} \qquad (7\text{-}15)$$

对于公式（7-15）右侧两个因子，可以通过式（7-14）和激活函数的求导公式求得。一般令 $\delta_k = \dfrac{\partial L}{\partial a_k}$，可以看作误差对于 pre-activation 的敏感系数，误差的反向传播就是通过每个节点的 δ_k 进行传播。

为表示方便，用 j 表示节点所在层，神经网络共 J 层，最外层 pre-activation a^J 的求导 δ^J 即是前面已计算 δ_k 值。对于任意一层有：

$$x^{j+1} = f(a^j),\ a^j = \boldsymbol{W}^j x^j + \theta^j \qquad (7\text{-}16)$$

误差损失对任一层 a^j 求导，有：

$$\delta^j = \frac{\partial L}{\partial a^j} = \frac{\partial L}{\partial x^{j+1}} \frac{\partial x^{j+1}}{\partial a^j} = \frac{\partial x^{j+1}}{\partial a^j} \cdot \left(\sum \frac{\partial L}{\partial x^{j+1}} \frac{\partial x^{j+1}}{\partial a^j} \right) = f'(a^j) \cdot (\boldsymbol{W}^{j+1})^{\mathrm{T}} \delta^{j+1}$$

$$(7\text{-}17)$$

式中，· 为向量元素对应相乘。

求出 δ^j，由于预激活值是权值矩阵的函数，则我们可以使用链式法则求对权值的导数：

$$\frac{\partial L}{\partial \boldsymbol{W}^j} = \frac{\partial L}{\partial a^j} \frac{\partial a^j}{\partial \boldsymbol{W}^j} = \delta^j (x^{j-1})^{\mathrm{T}} \qquad (7\text{-}18)$$

最后使用优化方法对 $\boldsymbol{W}$ 进行迭代优化，若采用梯度下降法求解 $\boldsymbol{W}$：

$$\boldsymbol{W} = \boldsymbol{W} - \eta \frac{\partial L}{\partial \boldsymbol{W}} \qquad (7\text{-}19)$$

式中，η 为学习率。

7.3.1.4　RNN 的误差反向传播算法（BPTT）

RNN 的反向传播算法其实只是 BP 算法的一个简单变体，所谓 BPTT 就是按时间展开的 BP 算法。因为 RNN 的前向传播算法是以时间的推移进行的，输入数据样本按时间进行输入，可以按时间 t 展开为对应结构的前向神经网络神经元。使用反向传播训练时，可以视为第 t 个训练样本直接应用 BP 算法。

7.3.1.5　优化算法

深度学习中的优化问题通常指的是：寻找神经网络上的一组参数 θ，它能显著地降低损失函数 $L(\theta)$。主要优化算法有：SGD、Momentum（动量法）、Adagrad、RMSProp、Adam。

A　SGD

SGD，Stochastic Gradient Descent，随机梯度下降法，每次迭代利用每样本计算损失函数对 θ 的梯度，更新的公式为

$$\theta = \theta - \eta \cdot \nabla_\theta L(\theta; x^{(i)}; y^{(i)}) \tag{7-20}$$

式中，θ 为参数值；η 为学习率即梯度更新步长。

优点：由于每次迭代只使用一个样本计算梯度，训练速度快，包含一定随机性，从期望来看，每次计算的梯度基本是正确的。

缺点：更新频繁，带有随机性，会造成损失函数在收敛过程中严重震荡。

B　动量法

随机梯度下降法容易被困在局部最小的沟壑处来回震荡，可能存曲面的另一个方向有更小的值；有时候随机梯度下降法收敛速度还是很慢。动量法就是为了解决这两个问题提出的。其更新公式为

$$\upsilon_t = \gamma \upsilon_{t-1} - \eta \cdot \nabla_\theta L(\theta) \tag{7-21}$$

式中，υ_t 为计算的动量值；γ 为超参数，取值 0.5、0.9、0.99 左右；$\theta = \theta - \upsilon_t$。

加入的 υ_t 这一项，可以使得梯度方向不变的维度上速度变快，梯度方向有所改变的维度上的更新速度变慢，这样就可以加快收敛并减小震荡。

优点：前后梯度一致的时候能够加速学习；前后梯度不一致的时候能够抑制震荡，越过局部极小值（加速收敛，减小震荡）。

缺点：增加了一个超参数。

C　Adagrad

Adagrad，自适应梯度算法，是一种可以自动改变学习速率的优化算法，只需设定一个全局学习速率 δ。

迭代算法：

Require：全局学习率 δ。

Require：初始参数 θ。

Require：小常数 δ，为了数值稳定，大约设为 10^{-7}。

初始化梯度累积变量 $r = 0$。

While 没有达到停止准则 do：

从训练样本中采集包括 m 个样本 $\{x^{x(1)}, \cdots, x^{(m)}\}$ 的小批量，对应目标 $y^{(i)}$；

计算梯度：$g \leftarrow \dfrac{1}{m} \nabla_{\theta} \sum_{i} L(f(x^{(i)}; \theta), y^{(i)})$；

累积平方梯度：$r \leftarrow r + g \odot g$；

计算更新：$\Delta \theta \leftarrow - \dfrac{\delta}{\delta + \sqrt{r}} \odot g$（逐元素地应用除和平方根）；

应用更新：$\theta \leftarrow \theta + \Delta \theta$；

End while

优点：减少了学习率的手动调节。

缺点：分母不断积累，学习率就会减小并最终会变得非常小（一开始就积累梯度平方会导致有效学习率过早过量减小）。

D RMSProp

RMSProp 是 Geoff Hinton 提出的一种自适应学习率方法。RMSprop 是为了解决 Adagrad 学习率急剧下降问题的。

迭代算法：

Require：全局学习率 δ，衰减系数 ρ。

Require：初始参数 θ。

Require：小常数 δ，为了数值稳定，大约设为 10^{-6}（用于被小数除时的数值稳定）。

初始化梯度累积变量 $r = 0$。

While 没有达到停止准则 do：

从训练样本中采集包括 m 个样本 $\{x^{(1)}, \cdots, x^{(m)}\}$ 的小批量，对应目标 $y^{(i)}$；

计算梯度：$g \leftarrow \dfrac{1}{m} \nabla_{\theta} \sum_{i} L(f(x^{(i)}; \theta), y^{(i)})$；

累积平方梯度：$r \leftarrow \rho r + (1 - \rho) g \odot g$；

计算更新：$\Delta \theta \leftarrow - \dfrac{\delta}{\delta + r} \odot g$ （$\dfrac{\delta}{\delta + r}$ 逐元素地应用）；

应用更新：$\theta \leftarrow \theta + \Delta \theta$；

End while

引入一个衰减系数，让 r 每次都以一定的比例衰减，类似于 Momentum 中的做法。衰减系数使用的是指数加权平均，旨在消除梯度下降中的摆动，与 Momentum 的效果一样，某一维度的导数比较大，则指数加权平均就大，某一维度的导数比较小，则其指数加权平均就小，这样就保证了各维度导数都在一个量级，进而减少了摆动。允许使用一个更大的学习率。

优点：相比于 Adagrad，这种方法更好地解决了深度学习中过早结束学习的问题；适合处理非平稳目标，对 RNN 效果很好。

缺点：引入的新的超参——衰减系数 ρ。

E　Adam

Adam 本质上是带有动量项的 RMSProp，它利用梯度的一阶矩估计和二阶矩估计，动态调整每个参数的学习率。Adam 的优点主要在于经过偏置矫正后，每一次迭代学习率都有个确定范围，使得参数比较平稳。

迭代算法：

Require：步长 δ（建议默认为：0.001）。

Require：矩估计的指数衰减速率，ρ_1 和 ρ_2 在区间 $[0，1)$（建议默认为 0.9 和 0.999）。

Require：小常数 δ，为了数值稳定，大约设为 10^{-8}。

初始化一阶和二阶矩变量：$s=0$，$r=0$。

初始化时间步：$t=0$。

While 没有达到停止准则 do：

从训练样本中采集包括 m 个样本 $\{x^{(1)}，\cdots，x^{(m)}\}$ 的小批量，对应目标 $y^{(i)}$；

计算梯度：$g \leftarrow \dfrac{1}{m} \nabla_{\theta} \sum_i L(f(x^{(i)}；\theta)，y^{(i)})$；

$t \leftarrow t+1$；

更新有偏二阶矩估计：$s \leftarrow \rho_1 s + (1-\rho_1)g$；

更新有偏二阶矩估计：$r \leftarrow \rho_2 r + (1-\rho_2)g \odot g$；

修正一阶矩的偏差：$\hat{s} \leftarrow \dfrac{s}{1-\rho_1^t}$；

修正二阶矩的偏差：$\hat{r} \leftarrow \dfrac{r}{1-\rho_2^t}$；

计算更新：$\Delta\theta = -\dfrac{\hat{s}}{\sqrt{\hat{r}}+\delta} \odot g$（逐元素地应用操作）；

应用更新：$\theta \leftarrow \theta + \Delta\theta$；

End while

优点：Adam 比其他适应性学习方法效果要好，适用于多数情况。

缺点：复杂。

7.3.2　神经网络的选择

在本研究中以 GRU 神经网络模型为主要研究方法，使用一些常见的时间序列预测模型进行对比分析，包括深度学习中的标准 RNN、LSTM 和 DENSE，传统机器学习预测方法中的梯度提升回归（gradient boosting regression，GBR）模型和支持向量机（support vector machine，SVM），共 5 种模型对浸润线进行回归预测。

GRU（gated recurrent unit，门控循环单元），是 LSTM（long short-term memory，长短期记忆）的变种。都是为了解决 RNN（recurrent neural network，循环神经网络）在长序列训练过程中的梯度消失和梯度爆炸的问题，相比于普通 RNN，LSTM 和 GRU 能够在更长的序列中有更好的表现。LSTM 中引入了三个门控函数分别是输入门、遗忘门和输出门来控制输入值、记忆值和输出值，而 GRU 针对 LSTM 又做了进一步优化将三个门控函数简化为两个即更新门和重置门，相比于 LSTM，GRU 的参数量更少，训练速度更快，但最终的性能却相差无几，GRU 具体结构如图 7-18 所示。

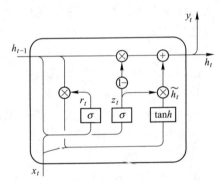

图 7-18　GRU 网路结构图

图 7-18 中 z_t 和 r_t 分别表示更新门和重置门。更新门用于控制前一时刻状态信息被代入到当前状态中的程度，更新门值越大，前一时刻状态信息被代入越多。重置门控制前一状态有多少信息被写入当前候选集 $\widetilde{h}_t$ 上，重置门越小，前一状态被写入的信息越少。

GRU 前向传播公式如下：

$$r_t = \sigma(W_r \cdot [h_{t-1}, x_t]) \tag{7-22}$$

$$z_t = \sigma(W_z \cdot [h_{t-1}, x_t]) \tag{7-23}$$

$$\widetilde{h}_t = \tanh(W_{\widetilde{h}} \cdot [r_t \times h_{t-1}, x_t]) \tag{7-24}$$

$$h_t = (1 - z_t) \odot h_{t-1} + z_t \odot \widetilde{h}_t \tag{7-25}$$

$$y_t = \sigma(W_o \cdot h_t) \tag{7-26}$$

式中，[ ] 为两个向量相连；· 为点乘；⊙为矩阵乘积。

从前向传播过程公式可以看出，需要学习的参数有 W_r、W_z、$W_{\tilde{h}}$、W_o。其中前三个参数是拼接的，所以在训练过程中将其分别分割出来，计算如下：

$$W_r = W_{rx} + W_{rh} \tag{7-27}$$

$$W_z = W_{zx} + W_{zh} \tag{7-28}$$

$$W_{\tilde{h}} = W_{\tilde{h}x} + W_{\tilde{h}h} \tag{7-29}$$

输出层输入如下：

$$y_t^i = W_o h \tag{7-30}$$

输出层输出如下：

$$y_t^o = \sigma(y_t^i) \tag{7-31}$$

由于是回归预测，将损失函数定义为均方差损失函数（squared loss）如式（7-32）所示，所以在得到最终输出后单个样本某个时刻的损失为式（7-33），单个样本在所有时刻的损失为式（7-34）：

$$loss = \frac{1}{2m} \sum_i^m (a_i - y_i)^2 \tag{7-32}$$

$$E_t = \frac{1}{2} (y_d - y_t^o)^2 \tag{7-33}$$

$$E = \sum_{t=1}^{T} E_t \tag{7-34}$$

当采取反向误差传播算法来学习网络，其损失函数对各参数的偏导计算式如下：

$$\frac{\partial E}{\partial W_0} = \delta_{y,\,t} h_t \tag{7-35}$$

$$\frac{\partial E}{\partial W_{zx}} = \delta_{z,\,t} x_t \tag{7-36}$$

$$\frac{\partial E}{\partial W_{zh}} = \delta_{z,\,t} h_{t-1} \tag{7-37}$$

$$\frac{\partial E}{\partial W_{\tilde{h}x}} = \delta_t x_t \tag{7-38}$$

$$\frac{\partial E}{\partial W_{\tilde{h}h}} = \delta_t (r_t \cdot h_{t-1}) \tag{7-39}$$

$$\frac{\partial E}{\partial W_{rx}} = \delta_{r,\,t} x_t \tag{7-40}$$

$$\frac{\partial E}{\partial W_{rh}} = \delta_{r,\,t} h_{t-1} \tag{7-41}$$

式（7-20）~式（7-26）的中间参数如式（7-42）~式（7-45）所示：

$$\delta_{y,\,t} = (y_d - y_t^o) \cdot \sigma' \tag{7-42}$$

$$\delta_{h,\,t} = \delta_{y,\,t} W_o + \delta_{z,\,t+1} W_{zh} + \delta_{t+1} W_{\tilde{h}h} \cdot r_{t+1} + \delta_{h,\,t+1} W_{rh} + \delta_{h,\,t+1}(1 - z_{t+1})$$

$$(7\text{-}43)$$

$$\delta_{z,\,t} = \delta_{t,\,h} \cdot (\widetilde{h}_t - h_{t-1}) \cdot \sigma' \qquad (7\text{-}44)$$

$$\delta_t = \delta_{h,\,t} \cdot z_t \cdot \phi' \qquad (7\text{-}45)$$

$$\delta_{r,\,t} = h_{t-1} \cdot \left[(\delta_{h,\,t} \cdot z_t \cdot \phi') W_{\tilde{h}h} \right] \cdot \sigma' \qquad (7\text{-}46)$$

在算出对各参数的偏导后，就可以更新参数，依次迭代求出最优解。

7.3.3　神经网络的训练研究

7.3.3.1　预测前期准备

A　评价指标

为了评估预测模型所得结果的准确性，本实验使用时间序列预测任务中常用的三种误差度量作为评价标准，分别是均方误差（mean square error，MSE）、绝对值误差（mean absolute error，MAE）和对称百分比误差（symmetric mean absolute percentage error，SMAPE）。其中，MSE 与 MAE 是绝对误差，反映的是误差数值上的大小，SMAPE 是相对误差，反映了误差相对总体的百分比大小。这三种误差度量的形式化定义如下式所示：

$$MAE = \frac{\sum_{i=1}^{T} |y_i - y_i'|}{T} \qquad (7\text{-}47)$$

$$MSE = \frac{\sum_{i=1}^{T} (y_i - y_i')^2}{T} \qquad (7\text{-}48)$$

$$SMAPE = \frac{2}{T} \sum_{i=1}^{T} \left| \frac{y_i - y_i'}{y_i + y_i'} \right| \times 100 \qquad (7\text{-}49)$$

式中，y_i' 为预测结果；y_i 为序列的实际数值；T 为待预测序列的长度。

在最后测试对比中加上 R^2 和训练时间作为第四、五个评价指标，R^2 是对模型进行线性回归之后，评价回归模型系数拟合优度，其计算公式为

$$R^2 = SSR/SST = 1 - SSE/SST \qquad (7\text{-}50)$$

式中，SST（total sum of squares）为总平方和；SSR（regression sum of squares）为回归平方和；SSE（error sum of squares）为残差平方和。

B　对比模型

在使用 GRU 预测浸润线的同时，与 RNN、LSTM、DENSE、GBR、SVM 5 种模型回归预测的结果作对比。

C 实验环境

本次实验的编译器为 Anacoda 环境下的 Jupyter 编译器，深度学习使用 Tensorflow，机器学习使用 Scikit-learn 库实现，操作系统为 Windows，编程语言为 Python。版本信息为：Anacoda3，Tensorflow2.3，Sklearn0.0，Python3.7，Windows10。计算机硬件 CPU 为 Intel Corei5-5350U。

D 标准化

为了证明数据标准化对模型训练的好处，在 SGD 优化算法下分别计算 RNN、LSTM 和 GRU 神经网络在数据未标准化条件下和数据标准化条件下的计算时间和误差，其计算结果如表 7-4 和表 7-5 所示，训练过程图如图 7-19~图 7-21 所示。

表 7-4 未进行数据标准化训练结果

神经网络模型	loss	mae	mape	val_loss	val_mae	val_mape	Time/s
RNN	0.181	0.382	2.063	0.218	0.362	1.896	35
LSTM	0.283	0.423	2.288	0.344	0.407	2.134	345
GRU	0.180	0.382	2.061	0.184	0.347	1.822	36

表 7-5 数据标准化训练结果

神经网络模型	loss	mae	mape	val_loss	val_mae	val_mape	Time/s
RNN	0.002	0.024	8.430	0.044	0.107	122.095	376
LSTM	0.004	0.033	10.086	0.054	0.137	175.614	361
GRU	0.002	0.023	8.924	0.032	0.092	80.466	371

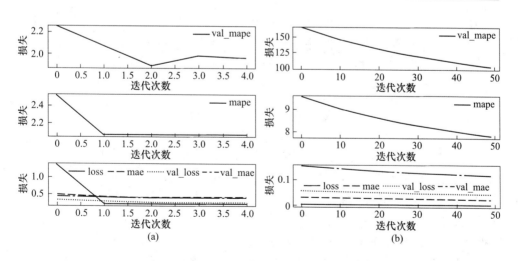

图 7-19 RNN 在未标准化 (a) 和标准化 (b) 训练图

(a) 未标准化训练图；(b) 标准化训练图

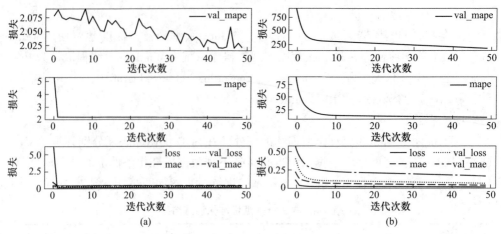

图 7-20　LSTM 在未标准化（a）和标准化（b）训练图

(a) 未标准化训练图；(b) 标准化训练图

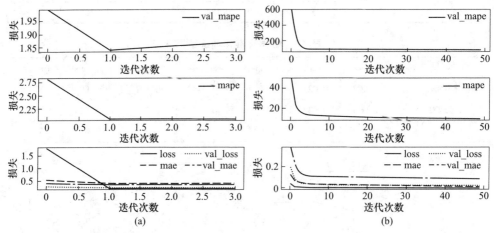

图 7-21　GRU 在未标准化（a）和标准化（b）训练图

(a) 未标准化训练图；(b) 标准化训练图

表 7-4 和表 7-5 对比发现，标准化之后 loss 评价指标比未标准化之前变小 90 倍，甚至在 RNN 上缩小 170 倍，mae 评价指标缩小 15～19 倍，而 mape 评价指标在数据标准化之后变大了 4 倍左右，验证集表现指标 val_ mape 变大了 33～46 倍，虽然最终的时间变长了，但是对于 mae 和 mape 两个指标进行数据标准化后在很短时间内就能达到数据未标准化所能达到的精度。

对比不同神经网络未标准化和标准化训练结果图可以看出：对于标准化处理之后的数据，模型能在迭代一次的情况下快速收敛，损失函数快速收敛到较优的结果且训练结果稳定。

综合来看数据标准化之后优势明显，所以在数据进入神经网络训练前进行标准化是有必要的。

7.3.3.2 不同优化算法和激活函数组合

GRU 神经网络使用不同的激活函数和优化方法都可以得到不同的结果，为使 GRU 神经网络对浸润线的预测效果达到理想状态，选择 3 种不同的常用激活函数和 4 种不同的常用优化方法结合得到较为优秀的预测模型，通过组合共得到 12 种模型，通过均方误差、绝对值误差和对称百分比误差 3 种评价指标加上模型运行时间一共 4 项指标综合对比得到最终的预测模型。在计算结果图中 loss 代表均方误差 MSE，mae 代表绝对值误差 MAE，mape 代表百分比误差 SMAPE，val 前缀代表验证集上计算结果。下面所有计算都是在相同的早停条件下：MAE 指标若在 6 次训练中都没有减小，那么停止网络训练，迭代次数上限都设为 50 次，时间窗口长度为 24，一层 GRU 神经网络。

SGD 优化算法分别和 Sigmoid、Relu 和 tanh 激活函数组合所得到的训练和验证结果如图 7-22 ~ 图 7-24 所示，训练验证最优结果如表 7-6 所示。

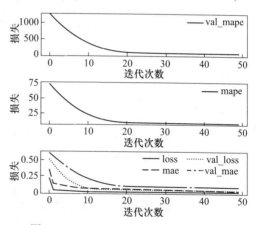

图 7-22　SGD+Sigmoid 训练验证结果图

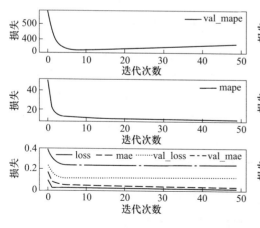

图 7-23　SGD+Relu 训练验证结果图

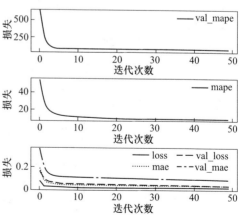

图 7-24　SGD+tanh 训练验证结果图

表 7-6　SGD 和各激活函数运算最优解

组合	loss	mae	mape	val_loss	val_mae	val_mape	Time/s
SGD+Sigmiod	0.002	0.028	9.322	0.027	0.078	60.532	315
SGD+Relu	0.002	0.022	7.861	0.049	0.177	342.412	355
SGD+tanh	0.002	0.023	7.979	0.021	0.077	86.638	352

　　由 SGD 优化算法与各激活函数组合的训练结果图和运算最优解表可知，SGD 优化算法和 tanh 激活函数组合得到的结果最好，其迭代 50 次达到最优解，也说明在相同早停条件下没有取得最优解。

　　RMSprop 优化算法分别和 Sigmoid、Relu 和 tanh 组合训练验证结果如图7-25～图 7-27 所示，训练验证的最优结果如表 7-7 所示。

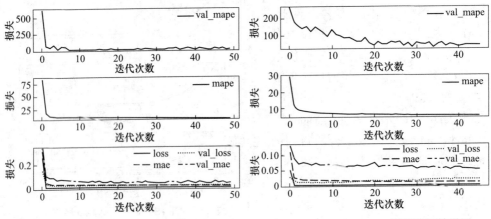

图 7-25　RMSprop+Sigmiod 训练验证结果图　　　　图 7-26　RMSprop+Relu 训练验证结果图

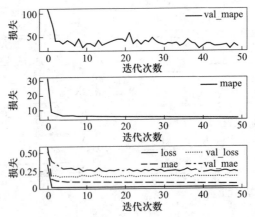

图 7-27　RMSprop+tanh 训练验证结果图

表 7-7 RMSprop 和各激活函数运算最优解

组合	loss	mae	mape	val_loss	val_mae	val_mape	Time/s
RMSprop+Sigmiod	0.0005	0.014	6.345	0.013	0.040	19.432	361
RMSprop+Relu	0.0004	0.012	5.358	0.005	0.044	53.318	361
RMSprop+tanh	0.0004	0.011	4.533	0.026	0.046	23.354	345

由 RMSprop 优化算法与各激活函数组合的训练结果图和运算最优解表可知，RMSprop 优化算法和 Relu 激活函数组合得到的结果最好，虽然 mape 和验证集上的 mape 都比 RMSprop 与 tanh 的组合稍差，但前者在验证集上的 loss 指标明显优于后者。两者都是迭代 50 次得到最优解，说明在 50 次内、早停条件下没有计算得到最优解。

Adam 优化算法分别和 Sigmoid、Relu 和 tanh 训练验证结果如图 7-28~图 7-30 所示，其训练验证的最优结果如表 7-8 所示。

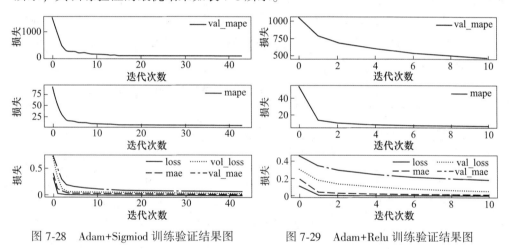

图 7-28　Adam+Sigmiod 训练验证结果图　　　图 7-29　Adam+Relu 训练验证结果图

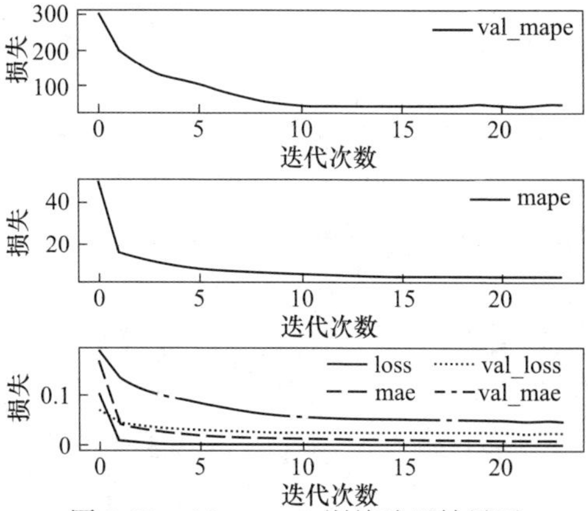

图 7-30　Adam+tanh 训练验证结果图

表 7-8　Adam 和各激活函数运算最优解

组合	loss	mae	mape	val_loss	val_mae	val_mape	Time/s
Adam+Sigmiod	0.0004	0.009	4.706	0.009	0.036	19.014	368
Adam+Relu	0.0004	0.010	5.387	0.023	0.074	106.357	105
Adam+tanh	0.0004	0.009	4.677	0.028	0.052	29.945	141

由 Adam 优化算法与各激活函数组合的训练结果图和运算最优解表可知，Adam 算法与 Sigmoid、Relu、tanh 组合时分别在迭代 50 次、15 次和 20 次取得最优解，Adam 和 Relu 激活函数搭配使用收敛速度快，考虑后期通过调整初始学习率等手段对模型超参数进行调优操作，可以使该组合能取得更好的效果。

Adagrade 优化算法下，其计算的误差减小速度过于慢，在训练 50 次基础上都无法达到预测效果，后期将迭代次数增加到 500 次损失函数都无法有效收敛，所以 Adagrade 算法和 tanh、Sigmoid 和 Relu 的组合结果不在讨论范围内。

由以上结果得到各优化算法与激活函数组合最优结果汇总表，如表 7-9 所示。综合上述描述和训练结果图表，最终确定的优化算法是 Adam 和 RMSProp，激活函数是 Relu。

表 7-9　各优化算法与激活函数组合预算最优解汇总表

组合	loss	mae	mape	val_loss	val_mae	val_mape	Time/s
SGD+Sigmiod	0.002	0.028	9.322	0.027	0.078	60.532	315
SGD+tanh	0.002	0.023	7.979	0.021	0.077	86.638	352
RMSprop+Relu	0.0004	0.012	5.358	0.005	0.044	53.318	361
Adam+Sigmiod	0.0004	0.009	4.706	0.009	0.036	19.014	368
Adam+Relu	0.0004	0.010	5.387	0.023	0.074	106.357	105
Adam+tanh	0.0004	0.009	4.677	0.028	0.052	29.945	141

7.3.3.3　超参数选择

超参数优化主要有如下 4 种方式：

(1) 试错法（babysitting），100%手工操作，被大家广泛采用。

(2) 网格搜索（grid search），是一种简单尝试所有可能配置的方法，首先定义一个 N 维的网格，其中每一个映射都代表一个超参数，其次对于每个维度定义可能的取值范围，最后搜索所有可能的配置，等待结果以建立最佳配置。这种方法会导致维度灾难，浪费计算资源、效率低，当超参数较少时可以考虑。

(3) 随机搜索（random search），随机搜索与网格搜索的区别在于，其选择超参数时是随机选择而不是一个个匹配，可以节约大量计算资源。

（4）贝叶斯优化（bayesian optimization），贝叶斯策略建立了一个代理模型，试图从超参数配置中预测所关注的度量指标。在每一次的迭代中，我们对代理会变得越来越有信心，新的猜测会带来新的改进，就像其他搜索策略一样，它也会等到耗尽资源的时候终止。

不幸的是，网格搜索和随机搜索有一个共同的缺点：每个新的猜测都独立于之前的运行。相比之下，babysitting 的优势就显现出来了。babysitting 之所以有效，是因为研究者有能力利用过去的猜测，将其作为改进下一步工作的资源，来有效地推动搜索和实验。而贝叶斯优化操作较为复杂，因此本文采用试错法和网格搜索相结合的方法对超参数进行搜索，首先通过试错法将一些参数确定下来将网格搜索的空间变小，从而节省计算资源，最后得到较优的超参数组合。

A 试错法

a 时间窗口大小

由于马尔科夫性质的存在，不同的窗口尺度对时间序列的预测有较大影响，当时间窗口尺度为 24 时其输入输出神经网络情况如图7-31 所示，为取得最优的时间窗口尺度设置 11 个不同窗口尺度，采用 Adam 算法加上 Relu 激活函数的组合进行训练，其训练结果最优结果如表 7-10 所示，各项评价指标的变化情况如图 7-32 所示。

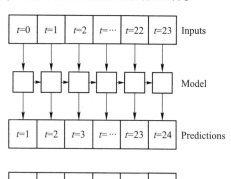

图 7-31 神经网络窗口尺度设置

表 7-10 不同窗口长度的运算最优解

窗口尺度	loss	mae	mape	val_loss	val_mae	val_mape	Time/s
6	0.0005	0.012	5.844	0.011	0.075	191.211	28
12	0.0004	0.011	5.210	0.008	0.062	151.126	17
18	0.0004	0.010	4.926	0.007	0.055	125.205	23
24	0.0004	0.009	4.804	0.010	0.056	115.672	28
30	0.0003	0.009	4.712	0.015	0.062	112.286	23
36	0.0003	0.008	4.668	0.016	0.065	123.591	22
42	0.0003	0.009	4.687	0.014	0.061	113.879	19
48	0.0003	0.008	4.561	0.016	0.062	115.001	47
54	0.0003	0.008	4.585	0.018	0.067	125.164	31
60	0.0003	0.008	4.565	0.018	0.067	123.933	34
66	0.0003	0.008	4.514	0.018	0.068	125.017	41

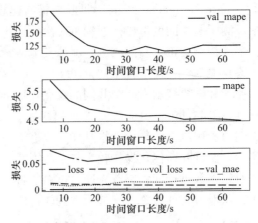

图 7-32　不同窗口尺度下各评价指标的变化趋势

通过图 7-32 的对比发现，只有 mape 和在验证集上的 mape 变化较为明显，且在验证集上窗口尺度为 12、18、24 时 mape 较低，其值分别为 151.126、125.205、115.672。而训练集上 mape 值一直在下降，当验证集上 mape 值达到最小时，其值分别为 5.210、4.926、4.804。结合实际应用综合考虑将时间窗口长度设为 24，即使用前 24 个值预测第 25 个值。

b　Batch_size

为选择较为合适的 Batch_size，使用一层神经网络分别设置 Batch_size 大小为 6、8、12、16、18、24、32、64。采用不同的 Batch_size 大小对数据进行训练，最终得到的不同 Batch_size 大小的运算最优解如表 7-11 所示，不同评价指标的变化趋势图如图 7-33 所示。

表 7-11　不同 Batch_size 下的运算最优解

Batch_size	loss	mae	mape	val_loss	val_mae	val_mape	Time/s
6	0.0005	0.012	5.676	0.009	0.060	119.6735	38
8	0.0004	0.010	5.160	0.007	0.046	77.2094	32
12	0.0004	0.010	5.137	0.009	0.045	75.0346	17
16	0.0004	0.009	4.920	0.014	0.045	62.6153	22
18	0.0004	0.009	4.903	0.016	0.044	50.8274	15
24	0.0004	0.010	4.939	0.018	0.044	54.1395	15
32	0.0004	0.009	4.850	0.019	0.045	55.1963	20
64	0.0004	0.009	4.782	0.019	0.044	45.2244	12

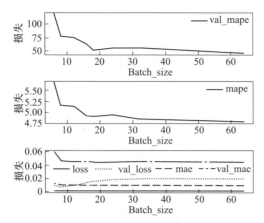

图 7-33 不同 Batch_size 下各评价指标的变化趋势

通过图 7-33 可以看出，神经网络在训练集上的 mape 评价指标和在验证集上的 mape 和 mae 评价指标在开始都随着 Batch_size 的增大而变小，在 Batch_size 为 18 时基本到达最低点，随后基本保持水平。其余三项评价指标对 Batch_size 变化不敏感，综合考虑 Batch_size 定为 18。

c 神经元个数

为选择较为合适的网神经元个数，使用一层神经网络分别设置神经元个数为 8、12、16、20、24、28、32、48、64 分别进行训练，最终得到的 8 种不同神经元个数的模型运算最优解如表 7-12 所示，不同评价指标的变化趋势图如图 7-34 所示。

表 7-12 不同神经元个数下的运算最优解

神经元个数	loss	mae	mape	val_loss	val_mae	val_mape	Time/s
8	0.0004	0.011	5.337	0.006	0.052	52.335	88
12	0.0007	0.014	7.409	0.036	0.104	190.933	48
16	0.0005	0.011	5.499	0.012	0.076	146.754	52
20	0.0006	0.013	6.280	0.016	0.090	130.690	36
24	0.0006	0.012	5.913	0.013	0.065	101.379	41
28	0.0005	0.011	5.446	0.012	0.056	97.461	36
32	0.0005	0.012	6.882	0.035	0.122	175.153	28
48	0.0006	0.013	6.399	0.014	0.072	93.779	26
64	0.0004	0.011	5.522	0.006	0.047	71.036	32

通过图 7-34 可以看出，在神经元个数小于 32 之前，mape，val_mape 和 val_mae 变化都不稳定，但都在神经元个数为 28 时取得较小值；当神经元个数大于 32 时，

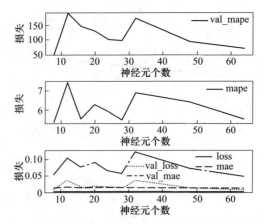

图 7-34　不同神经元个数下各评价指标的变化趋势

mape, val_mape 和 val_mae 随神经元个数增大而变小; loss, mae 和 val_loss 指标对神经元个数变化不敏感, 综合图表和经验考虑选择神经元个数为 16、32、64。

　　d　网络层数

　　为选择较为合适的网络层数, 将神经网络层数分别设置为 1 层、2 层、3 层、4 层、5 层进行训练, 最终得到 5 种不同网络层数的模型, 5 种网络模型的运算最优解如表 7-13 所示, 不同评价指标的变化趋势图如图 7-35 所示。

表 7-13　不同网络层数下的运算最优解

网络层数	loss	mae	mape	val_loss	val_mae	val_mape	Time/s
1	0.0007	0.010	4.841	0.005	0.042	18.561	212
2	0.0064	0.037	13.630	0.044	0.171	283.877	345
3	0.0116	0.051	19.207	0.048	0.155	210.895	480
4	0.0154	0.058	22.665	0.054	0.177	229.814	617
5	0.0197	0.063	24.132	0.102	0.240	353.924	789

　　神经网络层数过多会导致过拟合, 而过少又会使预测精度不够, 因此使用试错法分别将神经网络层数设为 1 层、2 层、3 层、4 层和 5 层, 训练时间分别为 212s、345s、480s、617s 和 789s。由图 7-35 可以看出随着网络层数的增长各项评价指标在前期都是处于增长状态, 在神经网络层数超过 3 层后都不再变化, 由于各层网络的神经元个数都为 32, 所以会导致网络堆叠效果不好, 且由表 7-13 可以看出网络层数的增加会导致模型训练时间快速变长, 这些都反映出神经网络堆叠不应过多, 综合考虑网络层数为 3 层。

　　e　学习率

学习率表示每次迭代后权重的更新量, 学习率太小, 模型更新速度慢; 学习

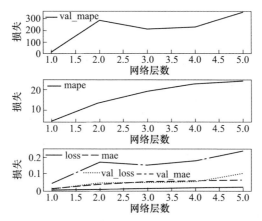

图 7-35　不同网络层数下各评价指标的变化趋势

率过大，模型可能错过最优解，优化算法选择 Adam 算法。将初始学习率分别设为 0.01、0.001、0.0001、0.00001。在相同的早停条件下其训练时间分别为 34s、51s、159s、163s，运算最优解如表 7-14 所示，不同评价指标的变化趋势图如图 7-36 所示，图中横坐标 1.0、2.0、3.0、4.0 分别代表从大到小的 4 个学习率。从图中可以看出当学习率从 0.001 变为 0.0001 时，mape 由 4.533 变为 4.512，在验证集上，31.831 变为 32.906，而其余评价指标在学习率变化时改变不大。综合考虑将学习率选择为 0.0001。

表 7-14　不同初始学习率下的运算最优解

初始学习率	loss	mae	mape	val_loss	val_mae	val_mape	Time/s
0.01	0.0006	0.013	5.666	0.008	0.045	48.849	34
0.001	0.0003	0.009	4.760	0.014	0.036	31.252	51
0.0001	0.0003	0.008	4.533	0.017	0.039	31.831	159
0.00001	0.0003	0.008	4.512	0.017	0.040	32.906	163

B　网格搜索

由试错法确定部分超参数和超参数选择范围，时间窗口尺度选择 24；Batch_size 选择为 18；学习率选择为 0.0001；优化算法选择 Adam 和 RMSprop 两个；正则化率选择为 0.2；L2 正则化率选择为 0.001；网络层数选择为 3 层；第一层的神经元个数选择为 16、32、64，第二层的神经元个数选择为 16、32、64，第三层的神经元个数选择为 8、16、32、64。由此得到 72 种组合方式，使用网格搜索法对搭配进行搜索，使用 tensorboard 的 HPARAMS 对搜索结果进行可视化，最后训练时间为 9h，得到的总的可视化结果如图 7-37 所示，将 mse 的范围设为 0～0.019，得到最优的八项组合结果如图 7-38 所示，其最优结果表如表 7-15 所示。

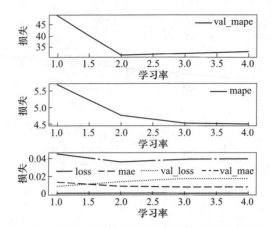

图 7-36　不同初始学习率下各评价指标的变化趋势

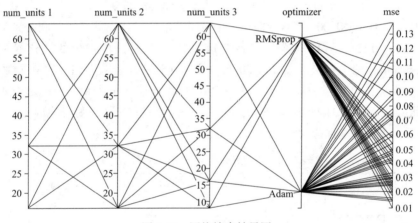

图 7-37　网格搜索结果图

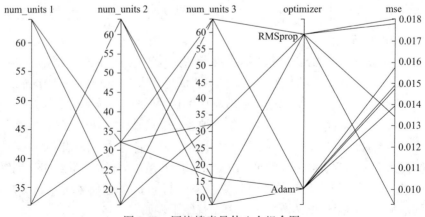

图 7-38　网格搜索最佳八个组合图

表 7-15 网格搜索超参数最佳八个组合

项　　目	组合 1	组合 2	组合 3	组合 4	组合 5	组合 6	组合 7	组合 8
num_units 1	64	64	64	64	64	32	32	32
num_units 2	64	16	64	64	16	32	32	64
num_units 3	8	32	64	32	64	16	32	8
optimizer	Adam	RMSprop	Adam	Adam	Adam	Adam	RMSprop	Adam
val_mse	0.0066	0.0093	0.0102	0.0116	0.0116	0.0125	0.0134	0.0139

根据试错法和网格搜索法最终确定网络超参数为：时间窗口尺度选择为 24；Batch_size 选择为 18；学习率选择为 0.0001；优化算法选择为 Adam；正则化率选择为 0.2；L2 正则化率选择为 0.001；网络层数选择为 3 层；第一层神经元个数选择为 64，第二层神经元个数选择为 64，第三层神经元个数选择为 8。

最终得到的神经网络结构图如图 7-39 所示。

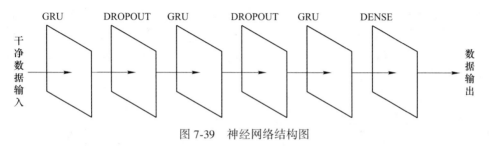

图 7-39 神经网络结构图

7.3.3.4 GRU 模型预测实验

通过试错法和网格搜索法选取得到较优的超参数组合，并使用该超参数组合的神经网络对浸润线进行预测，在测试集上的预测结果如图 7-40 所示，可以看出 GRU 神经网络对于浸润线的变化趋势基本预测准确，只是最后一段的预测值偏大，其在测试集上的损失均方误差为 0.0055，平均绝对误差为 0.0500，评价绝对百分误差为 4.1400，R^2 为 0.973，可以看出不管是拟合程度还是精度，GRU 神经网络都表现良好，说明基于 GRU 神经网络的浸润线预测模型具有较为理想的泛化性能，可以很好地拟合尾矿库环境因子与浸润线之间复杂的非线性关系。可以将其作为实际工程中对浸润线的预测并依据预测值对尾矿库浸润线进行提前预警。

7.3.3.5 不同模型预测结果对比

根据确定的超参数分别使用 RNN，LSTM，GRU，DENSE 4 种神经网络和机器学习中支持向量机（SVM），梯度提升回归（GBR）对数据进行训练，最终得

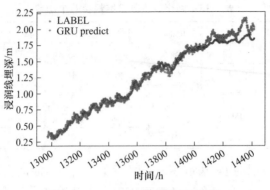

图 7-40　GRU 对浸润线预测结果

到的训练验证结果如表 7-16 所示，测试结果如表 7-17 所示。由表 7-16 和表 7-17 对比可以清晰发现，使用 GRU 和 LSTM 神经网络的训练、验证和测试所得到的损失函数值明显低于其他模型，GRU 和 LSTM 所得结果相似，但是采用 GRU 神经网络比 LSTM 神经网络训练时间减少了 7min。本次实验收集了 2016~2020 年的数据，共 4 年左右，总的数据量为 14414 条，其中 70% 用于训练，即 10089 条数据，在如此数据量下得到最优解可以节省 7min，若数据量扩大 10 倍那么节约的时间即为 70min，由于目前传感器采集频率越来越高且采集数据的时间越来越长，使得数据收集量越来越大，处理 10 倍甚至以上数据量都是完全可能的。从时间成本和训练结果来看，GRU 模型的预测精度高、泛化能力强，训练时间较短，能够准确掌握尾矿库浸润线未来 1h 的变化，达到了比较理想的预测效果，可以为浸润线预测和尾矿库安全预警提供决策依据。可以将 GRU 模型保存固定下来，以便后面将模型和 Web 软件结合用于普通工作人员对尾矿库浸润线进行预测分析。

表 7-16　不同模型训练验证结果

模型名称	loss	mae	mape	val_loss	val_mae	val_mape	Time/s
SVM	0.0033	0.0497		0.1078	0.2704		
GBD	0.0004	0.0107		0.0099	0.0504		
GRU	0.0024	0.0267	11.7376	0.0055	0.0500	4.1390	2665
LSTM	0.0024	0.0271	11.7338	0.0035	0.0454	4.3324	3094
RNN	0.0022	0.0252	11.8554	0.0222	0.1296	13.3073	1886
DENSE	0.0081	0.0476	20.1318	0.0641	0.2202	23.7970	814

表7-17 不同模型测试结果

模型名称	loss	mae	mape	R^2
SVM	0.0827	0.2327		0.7078
GBR	0.0141	0.0657		0.9502
GRU	0.0055	0.0500	4.1400	0.973
LSTM	0.0035	0.0454	4.3324	0.977
RNN	0.0222	0.1296	13.3073	0.914
DENSE	0.0641	0.2202	23.7970	0.768

7.4 本 章 小 结

本章以福建马坑矿业股份有限公司陈坑尾矿库为研究主体，主要介绍数据在输入深度学习模型之前的数据预处理过程，通过 numpy，pandas 数据科学库和 matplotlib 图像库，对原始数据进行重复值删除，异常值删除，缺失值填充，离散数据转为数值型数据等操作。将原始数据处理为能直接输入深度学习模型中训练的干净数据，并通过数据可视化技术初步分析浸润线及其相关特征变量的关系，初步探索浸润线随时间、天气和库水位的变化规律，证明了天气和库水位变化会对浸润线变化造成影响。对浸润线等数据的分布规律有一个初步直观的认识，也为将库水位和天气作为浸润线预测的特征变量提供了理论依据，最后将库水位、浸润线和天气数据表合并为一张数据表，并将数据划分为训练集、验证集和测试集。

介绍了神经网络的前向传播和反向传播的计算过程，常见的优化算法和常见的激活函数。为选择合适的优化算法和激活函数，将算法和激活函数两两组合进行试验，为防止选择的搭配只在某一评价指标下达到最优，选择三种评价指标。使用试错法与网格搜索法结合寻求神经网络的超参数，首先通过试错法和相关经验，将神经网络的一部分超参数先固定下来，以降低网格搜索超参数的计算空间，节约网格搜索法搜索超参数所用的搜索时间，然后使用网格搜索法确定剩余的网络超参数，最终得到神经网络的超参数组合：时间窗口尺度选择24；Batch_size选择为18；学习率选择为0.0001；优化算法选择为 Adam；Dropout 率选择0.2；L2 正则化率选择0.001；网络层数选择3层；第一层神经元个数选择为64，第二层神经元个数选择为64，第三层神经元个数选择为8，并将其应用于预测模型中。

使用深度学习的 GRU，LSTM，RNN，Dense 加上机器学习的 SVM，GBR，一共六种模型对浸润线进行预测，预测结果作为 GRU 神经网络预测的对比项，在 mae, mse, mape, R^2, 计算时间共五种评价指标的综合分析对比证明 GRU 应用于浸润线预测的优越性和可行性。随机在测试数据集中选择 3 天的数据做实验发现, 通过前面两天的浸润线埋深, 库水位和天气信息, 使用以 GRU 神经网络构建的深度学习模型, 可以准确地预测出 3 个传感器在第三天的浸润线埋深值。

参 考 文 献

[1] 周汉民. 尾矿库建设与安全管理技术 [M]. 北京: 化学工业出版社, 2012.

[2] 赵天龙, 陈生水, 钟启明. 尾矿坝溃决机理与溃坝过程研究进展 [J]. 水利水运工程学报, 2015 (1): 105~111.

[3] 汤卓, 谢建斌, 李丞文, 等. 基于非饱和土渗流理论的尾矿库流固耦合分析 [J]. 防灾减灾工程学报, 2016 (6): 994~1001.

[4] 陈学辉, 吕力行, 杨龙, 等. 基于 Geo Studio 耦合分析库水位对尾矿坝安全运行的影响 [J]. 黄金, 2013, 34 (1): 61~64.

[5] 蒋成荣, 刘浪, 胡建华, 等. 尾矿库流固耦合的地震动力响应特性 [J]. 矿业研究与开发, 2015 (9): 85~90.

[6] 赵小平, 任颖, 白本祥, 等. 尾矿库初期坝稳定性的合成孔径雷达干涉变形检测与流固耦合数值模拟分析 [J]. 中国安全生产科学技术, 2014 (5): 17~23.

[7] 武红艳. 基于流固耦合理论强度折减法尾矿库三维坝体稳定性分析 [D]. 石家庄: 石家庄铁道大学, 2012.

[8] 李培超, 孔祥言, 卢德唐. 饱和多孔介质流固耦合渗流的数学模型 [J]. 水动力学研究与进展, 2003, 18 (4): 419~426.

[9] 于广明, 宋传旺, 潘永战, 等. 尾矿坝安全研究的国外新进展及我国的现状和发展态势 [J]. 岩石力学与工程学报, 2014, 33 (s1): 3238~3248.

[10] 陈天虎, 冯军会, 徐晓春. 国外尾矿酸性排水和重金属淋滤作用研究进展 [J]. 环境工程学报, 2001, 2 (2): 41~46.

[11] 王昆. 尾矿库溃坝演进 SPH 模拟与灾害防控研究 [D]. 北京: 北京科技大学, 2019.

[12] 程晓亮. 化学离子作用下应力-渗流耦合对尾矿库稳定性影响的探究 [D]. 北京: 北京科技大学, 2018.

[13] 刘庭发, 张鹏伟, 胡黎明. 含硫铜矿尾矿料的工程力学特性试验研究 [J]. 岩土工程学报, 2013, 35 (s1): 166~169.

[14] 饶运章, 侯运炳. 尾矿库废水酸化与重金属污染规律研究 [J]. 辽宁工程技术大学学报, 2004, 23 (3): 430~432.

[15] 冯夏庭, 赖户政宏. 化学环境侵蚀下的岩石破裂特性——第一部分: 试验研究 [J]. 岩石力学与工程学报, 2000, 19 (4): 403~407.

[16] 吴恒, 张信贵. 水土作用与土体细观结构研究 [J]. 岩石力学与工程学报, 2000, 19 (2): 199~204.

[17] 马少健, 胡治流, 陈建华, 等. 硫化矿尾矿重金属离子溶出实验研究 [J]. 广西大学学报 (自然科学版), 2002, 27 (4): 273~275.

[18] 林美群, 马少健, 王桂芳, 等. 环境因素对硫化矿尾矿重金属溶出影响的模拟试验 [J]. 金属矿山, 2008 (6): 108~111.

[19] 白云鹏. 酸碱溶液作用下尾矿坝变形机理研究 [D]. 阜新: 辽宁工程技术大学, 2011.

[20] 郑训臻. 化学-应力-渗流作用下尾矿坝变形耦合模型研究 [D]. 阜新: 辽宁工程技术大

学，2012.

[21] 梁冰，刘泳蔚，金佳旭. 酸碱溶液作用下尾矿砂压缩特性的试验分析 [J]. 中国地质灾害与防治学报，2013，24（2）：107~110.

[22] 张鹏，李宁，霍润科. 酸性化学污染物的运移与腐蚀对堤坝边坡长期稳定性的影响 [J]. 西北农林科技大学学报（自然科学版），2007，35（11）：230~234.

[23] 李长洪，卜磊，陈龙根. 尾矿坝致灾机理研究现状及发展态势 [J]. 北京科技大学学报，2016，38（8）：1039~1049.

[24] 杨永恒. 渗流场与应力场耦合分析及其在尾矿坝工程中的应用 [D]. 西安：西安理工大学，2006.

[25] 柳厚祥，李宁，廖雪，等. 考虑应力场与渗流场耦合的尾矿坝非稳定渗流分析 [J]. 岩石力学与工程学报，2004，23（17）：2870~2875.

[26] 周建国，李淼，郭雪莽. 东湖水库非均质土坝渗流场与应力场耦合分析 [J]. 华电技术，2007，29（3）：28~30.

[27] 苗丽，郭雪莽，王复明. 基于应力场与渗流场耦合的土坝稳定性分析 [J]. 人民黄河，2007，29（9）：75~76.

[28] 王强，鲁炳强，王水平，等. 尾矿坝渗流-应力耦合场的有限元分析 [J]. 现代矿业，2010（3）：74~77.

[29] 张伟. 渗流场及其与应力场的耦合分析和工程应用 [D]. 武汉：武汉大学，2004.

[30] 许增光，杨雪敏，柴军瑞. 考虑化学淤堵作用的尾矿砂渗透系数变化规律研究 [J]. 水文地质工程地质，2016，43（4）：26~29.

[31] 朱宁，陈玉明，刘相纯，等. 尾矿库环境污染分析与预防对策 [J]. 黄金，2014（2）：67~70.

[32] 施正盼. 尾矿库污染防治与事故应急处理措施研究 [D]. 西安：长安大学，2009.

[33] 费维水. 尾矿坝稳定性分析中的若干问题研究 [D]. 昆明：昆明理工大学，2013.

[34] 武君. 尾矿坝化学淤堵机理与过程模拟研究 [D]. 上海：上海交通大学，2008.

[35] 陈四利，冯夏庭，周辉. 化学腐蚀下砂岩三轴压缩力学效应的试验 [J]. 东北大学学报（自然科学版），2003，24（3）：292~295.

[36] 李宁，朱运明，张平，等. 酸性环境中钙质胶结砂岩的化学损伤模型 [J]. 岩土工程学报，2003，25（4）：395~399.

[37] 曹卫平. 土力学 [M]. 北京：北京大学出版社，2011.

[38] 李兰，石玉成. 激光粒度分析仪测量黄土粉体粒度的应用研究 [J]. 甘肃科学学报，2009，21（4）：46~50.

[39] 刘通. 阳极氧化预处理铝基体新型涂层的制备及其海洋防腐防污功能的研究 [D]. 青岛：中国海洋大学，2011.

[40] 祁景玉，陈更新. 以 PHILIPS PW1700 X 射线衍射仪进行物相的定量分析 [J]. 同济大学学报（自然科学版），1996（3）：342~347.

[41] 徐晓明，苗伟，陶琨. X 射线衍射多相谱中某一物相点阵参数的直接求解方法 [J]. 物理学报，2011，60（8）：462~466.

[42] 高锋涛. 往复挤压法制备 Al_2O_(3p)/Al 基复合材料及其组织、性能研究 [D]. 西安：西安理工大学，2009.

[43] 王红，姜艳婧，蒋兵. 低真空扫描电镜在质检和计量中的应用及发展 [J]. 科技致富向导，2012（32）：228.

[44] 谢康和，庄迎春，李西斌. 萧山饱和软黏土的渗透性试验研究 [J]. 岩土工程学报，2005，27（5）：591~594.

[45] 李亮，崔智谋，康翠兰，等. 流固耦合饱和两相介质动力模型在 ABAQUS 中的实现 [J]. 岩土工程学报，2013，35（s2）：281~285.

[46] 费康. ABAQUS 岩土工程实例详解 [M]. 北京：人民邮电出版社，2017.

[47] 郑核桩，黄争鸣，唐寿高. 基于非线性本构关系的有限元计算复合材料层合板的强度 [J]. 玻璃钢/复合材料，2004（6）：10~15.

[48] 郑颖人，赵尚毅，邓楚键，等. 有限元极限分析法发展及其在岩土工程中的应用 [J]. 中国工程科学，2006，8（12）：39~61.

[49] 殷宗泽，凌华. 非饱和土一维固结简化计算 [J]. 岩土工程学报，2007，29（5）：633~637.

[50] 林子杨. 流固耦合下的边坡稳定分析 [D]. 郑州：郑州大学，2012.

[51] 李爱国，岳中琦，谭国焕，等. 土体含水率和吸力量测及其对边坡稳定性的影响 [J]. 岩土工程学报，2003，25（3）：278~282.

[52] 朱正环. 预设排渗系统降低某尾矿库浸润线 [J]. 现代矿业，2015（2）：142.

[53] 齐清兰，张力霆，谷芳，等. 影响尾矿库渗流场的因素及降低浸润线的措施 [J]. 金属矿山，2009（12）：35~37.

[54] 蔡嗣经，杨鹏. 金属矿山尾矿问题及其综合利用与治理 [J]. 中国工程科学，2000，2（4）：89~92.

[55] 王昆，杨鹏，HUDSON-EDWARDS K，等. 尾矿库溃坝灾害防控现状及发展 [J]. 工程科学学报，2018，40（5）：526~539.

[56] 程晓亮，杨鹏，吕文生，等. 化学环境下的应力-渗流耦合对尾矿库稳定性影响试验 [J]. 中国安全科学生产技术，2018，14（2）：112~118.

[57] 诸利一，杨鹏，吕文生，等. 不同化学条件下孔隙比对尾矿砂渗透性影响试验 [J]. 中国有色金属学报，2020，30（9）：2190~2200.

[58] 南京水利科学研究院. SL 237—1999 土工试验规程 [S]. 北京：中国水利水电出版社，1999.

[59] 李明立，原振雷，朱嘉伟. 矿山固体废物对环境的影响及综合利用探讨 [J]. 矿产保护与利用，2005，4：38~41.

[60] 王湖坤，龚文琪，刘友章. 有色金属矿山固体废物综合回收和利用分析 [J]. 金属矿山，2005，12：70~72.

[61] 张世雄. 矿物资源开采工程 [M]. 武汉：武汉工业大学出版社，2000.

[62] 胡文容，高廷耀. 酸性矿井水的处理方法和利用途径 [J]. 煤矿环境保护，1994（1）：16，17~19.

[63] 丛志远，赵峰华. 酸性矿山废水研究的现状及展望 [J]. 中国矿业，2003（3）：15~18.

[64] 林枝祥，杨鹏，吕文生. 三山岛金矿盐卤水对胶结充填体早期强度的影响 [J]. 金属矿山，2015（7）：164~167.

[65] 王飞跃. 基于不确定性理论的尾矿坝稳定性分析及综合评价研究 [D]. 长沙：中南大学，2009.

[66] 王淇萱. 尾矿库埋入式监测传感器外壳防腐试验研究 [D]. 北京：北京科技大学，2020.

[67] 艾志勇. 新型合金耐蚀钢筋的腐蚀行为及耐蚀机制 [D]. 南京：东南大学，2017.

[68] 辛森森. 316L 不锈钢在热浓缩海水中的腐蚀行为研究 [D]. 上海：上海大学，2014.

[69] 曾初升. 316L 不锈钢腐蚀性能电化学研究 [D]. 昆明：昆明理工大学，2006.

[70] 马伟. 压力传感器海水腐蚀失效分析与改进 [J]. 声学与电子工程，2011（4）：28~29.

[71] 邵维进. 耐腐蚀温度传感器的研制 [J]. 传感器世界，2008（7）：47~50.

[72] 于海成，何晓东，刘咏咏，等. 浅析耐硫酸腐蚀不锈钢的应用现状与发展 [J]. 中国化工装备，2017，19（5）：35~40.

[73] 李军民，张亭，刘涛. 深部铜矿井下酸性水对混凝土支护腐蚀机理研究及对策 [J]. 现代矿业，2018，34（7）：226~228，236.

[74] 雷兆武，孙颖. 矿山酸性废水重金属沉淀分离研究 [J]. 环境科学与管理，2008（11）：59~61.

[75] 李学金，钱显文，郑乐平，等. 某铁矿尾矿库酸性废水处理试验研究 [J]. 金属矿山，2006（9）：73~77.

[76] 李广胜. 江西德兴铜矿大流量酸碱废水的综合治理 [J]. 有色矿山，1995（3）：59~64.

[77] 刘长坤，李春福，赵海杰，等. 高矿化度油气田盐卤水对碳钢的腐蚀行为研究 [J]. 西南石油大学学报（自然科学版），2010，32（2）：154~158，208.

[78] 董彩常，杨朝晖，张波，等. 304 不锈钢在盐湖卤水中的腐蚀行为 [J]. 材料保护，2011，44（9）：32~34，92.

[79] 刘秋艳，高灏，王会林，等. 卤水长输管线的腐蚀研究 [J]. 中国井矿盐，2019，50（3）：6~11.

[80] 龚敏，邹振，郑兴文，等. 2205 双相不锈钢在卤水环境中的腐蚀行为 [J]. 腐蚀与防护，2009，30（7）：473~476.

[81] 刘优平，黎剑华. 尾矿坝变形光纤光栅监测技术研究 [J]. 黄金，2015，36（1）：60~63.

[82] 吴凌慧. 高温高压差传感器的设计与特性研究 [D]. 哈尔滨：哈尔滨工程大学，2011.

[83] 陈芳芳. 综采工作面位移传感器材料选型及设计 [J]. 煤炭技术，2018，37（1）：255~257.

[84] 赵雪峰，田石柱，周智，等. 钢片封装光纤光栅监测混凝土应变试验研究 [J]. 光电子·激光，2003（2）：171~174.

[85] 吴凌慧，徐冬. 一种耐高温、耐恶劣环境大压力传感器的设计 [J]. 应用科技，2018，45（4）：142~146.

[86] 谭翔飞，何宇廷，侯波，等. 腐蚀环境下铜薄膜传感器金属结构裂纹监测 [J]. 北京航空航天大学学报，2017，43（7）：1433~1441.

[87] 刘峥. 化学腐蚀条件下电气传感器用单晶硅的微观形貌演化 [J]. 铸造技术，2015，36（10）：2427~2428.

[88] 马伟. 压力传感器海水腐蚀失效分析与改进 [J]. 声学与电子工程，2011（4）：28~29.

[89] 邵维进. 耐腐蚀温度传感器的研制 [J]. 传感器世界，2008（7）：47~50.

[90] 段振刚，杜东海，张乐福，等. 304 和 316L 不锈钢的高温电化学腐蚀行为 [J]. 上海交通大学学报，2016，50（2）：215~221.

[91] 韩亚军，陈友媛. 316L 不锈钢在不同电导率海水和 NaCl 溶液中的电化学腐蚀行为 [J]. 材料导报，2012，26（20）：57~60.

[92] 李成涛，李小刚，程学群，等. 316L 不锈钢、690 合金在氢氧化钠溶液中的电化学性能 [J]. 腐蚀与防护，2011，32（5）：252~255.

[93] 程学群，李晓刚，杜翠薇，等. 316L 和 2205 不锈钢在醋酸溶液中的钝化膜的生长及其半导体属性的研究 [J]. 北京科技大学学报，2009，11（3）：104~109.

[94] 丛园. 缝隙和静水压力环境对 316L 不锈钢腐蚀行为的影响 [D]. 哈尔滨：哈尔滨工程大学，2010.

[95] 林海波，张巨伟，李思雨. 温度对 316L 不锈钢在 3.5% NaCl 溶液中腐蚀行为的影响 [J]. 辽宁石油化工大学学报，2019，39（2）：54~58.

[96] 张鸣伦，王丹，王兴发，等. 海水环境中 Cl⁻浓度对 316L 不锈钢腐蚀行为的影响 [J]. 材料保护，2019，52（1）：34~39.

[97] 刘秀晨，安成强，等. 金属腐蚀学 [M]. 北京：国防工业出版社，2002：7.

[98] 苏铁军，曹发，杨帆，等. 滴定法与失重法测定碳钢腐蚀速率的比较研究 [J]. 中国无机分析化学，2018，8（1）：29~32.

[99] 黄美玲，吴育忠，李伟善，等. 开路电位测量法评价镀锌层三价铬钝化膜的耐蚀性 [J]. 电镀与涂饰，2008（9）：29~31.

[100] 胡会利. 电化学测量 [M]. 北京：国防工业出版社，2007.

[101] 田惠文. 环境友好型钢筋阻锈剂的防腐性能和机理研究 [D]. 青岛：中国科学院研究生院（海洋研究所），2012.

[102] 陈君，阎逢元，王建章. 海水环境下 TC4 钛合金腐蚀磨损性能的研究 [J]. 摩擦学学报，2012，32（1）：1~6.

[103] 李玮. 环氧重防腐涂层体系失效过程的电化学阻抗谱研究 [D]. 北京：北京化工大学，2007.

[104] 许晨. 混凝土结构钢筋锈蚀电化学表征与相关检/监测技术 [D]. 杭州：浙江大学，2012.

[105] 曹楚南，王佳，林海潮. 氯离子对钝态金属电极阻抗频谱的影响 [J]. 中国腐蚀与防护学报，1989（4）：261~270.

[106] 宋光铃，曹楚南，林海潮. 不锈钢钝化-过钝化过渡区电极过程的交流阻抗分析 [J]. 中国腐蚀与防护学报，1993（1）：1~9.

[107] 林玉珍，杨德均. 腐蚀和腐蚀控制原理 [M]. 北京：中国石化出版社，2007：1~7.

[108] 刘幼平. 设备腐蚀与控制技术（四）——第四讲　腐蚀检测技术 [J]. 设备管理与维修，1997（9）：38~43.

[109] 赵永韬，吴建华，赵常就. 工业腐蚀监测的发展及其仪器的智能化 [J]. 腐蚀与防护，2000（11）：515~518.

[110] 曹发和，张昭，施彦彦，等. 电化学噪声频谱的 Vision C++实现 [J]. 中国腐蚀与防护学报，2005（1）：8~11.

[111] 范国义，曾为民，马玉录. 交流阻抗法在凝汽器黄铜管腐蚀研究中的应用 [J]. 表面技术，2006（1）：85~88.

[112] 胥聪敏，张耀亨，程光旭，等. 炼油厂冷却水系统硫酸盐还原菌对 316L 不锈钢点腐蚀的研究 [J]. 中国腐蚀与防护学报，2007（1）：48~53.

[113] 熊惠，相建民，赵国仙，等. 22Cr 双相不锈钢缝隙腐蚀的研究 [J]. 石油矿场机械，2007（8）：50~53.

[114] 范少华. 不锈钢在酸性介质中电化学腐蚀行为的研究 [J]. 阜阳师范学院学报（自然科学版），2005（4）：29~30.

[115] 潘莹，宋维，陈慎豪. 敏化奥氏体不锈钢的 EPR 法研究 [J]. 山东化工，1997（1）：8~11, 19.

[116] 樊玉光，林红先. 不同酸性介质中两种不锈钢耐均匀腐蚀性能的研究 [J]. 长江大学学报（自然科学版）理工卷，2008, 5（3）：244~245, 392.

[117] 魏宝明，郝凌，杨忠英. 用研究均匀腐蚀的方法探讨不锈钢孔蚀的稳定发展 [J]. 中国腐蚀与防护学报，1988（2）：113~119.

[118] 张鹏辉，杨仕豪，莫丽儿. 铁和碳钢在浓碱溶液中的阳极极化曲线 [J]. 广州化工，2007（5）：43~45.

[119] 夏春兰，吴田，刘海宁，等. 铁极化曲线的测定及应用实验研究 [J]. 大学化学，2003（5）：38~41.

[120] 姜应律，吴荫顺. 利用极化曲线推测中性水溶液中钛合金表面的氧化还原反应机理 [J]. 北京科技大学学报，2004（4）：395~399.

[121] 张普强，吴继勋，张文奇，等. 钝化 304 不锈钢在弱碱性含氯介质中的点蚀机理 [J]. 北京科技大学学报，1990（2）：142~147.

[122] 周开梅，张华民，邱于兵. 1Cr18Ni9Ti 不锈钢在含 Cl^-、HCO_3^- 体系中的孔蚀行为 [J]. 材料保护，1999（4）：24~25, 3.

[123] 林昌健，谢兆雄，田昭武. 不锈钢点腐蚀发生的早期过程 II 的电化学扫描隧道显微研究 [J]. 腐蚀科学与防护技术，1997（4）：3~8.

[124] 程学群，李晓刚，杜翠薇，等. 316L 不锈钢在醋酸溶液中的钝化膜电化学性质 [J]. 北京科技大学学报，2007（9）：911~915.

[125] 程学群，李晓刚，杜翠薇. 316L 不锈钢在含氯高温醋酸溶液中的自钝化行为 [J]. 北京科技大学学报，2006（9）：840~844.

[126] 陈林海. 奥氏体不锈钢管道水压试验中被氯离子腐蚀的原因分析 [J]. 低碳世界，2017

(24)：25~26.

[127] 魏者聪，高阳. 植酸掺杂聚苯胺/环氧防腐涂层的研究 [J]. 辽宁化工，2019，48（7）：618~621.

[128] 曹慧，庞智，高肖汉，等. 有机酸掺杂聚苯胺的研究进展 [J]. 化工进展，2016，35（10）：3226~3235.

[129] 李玉峰，李继玉，祁实，等. 柠檬酸掺杂聚苯胺/硅溶胶复合涂层的防腐性能研究 [J]. 腐蚀科学与防护技术，2018，30（4）：426~430.

[130] 李芝华，沈玉婷，李彦博. 聚苯胺中空微球/硝酸铈复合材料的制备与性能 [J]. 高分子材料科学与工程，2019，35（1）：130~135.

[131] 李明田，崔学军，附青山，等. 一种盐酸掺杂聚苯胺聚酰胺树脂涂层的制备及其防腐蚀性能 [J]. 材料保护，2015，48（6）：7，18~20，31.

[132] 李亚东，唐晓，李焰. 焊接接头局部腐蚀的研究进展 [J]. 材料导报，2017，31（11）：158~165.

[133] 李谋成，曾潮流，林海潮，等. 不锈钢在含 SO_4^{2-} 稀 HCl 中的电化学腐蚀行为 [J]. 腐蚀科学与防护技术，2002（3）：132~135.

[134] 曹楚南，张鉴清. 电化学阻抗谱导论 [M]. 北京：科学出版社，2002.

[135] 王金刚，李新义，高英. 长输管线氯离子腐蚀行为研究 [J]. 石油机械，2014，42（6）：113~118.

[136] 石林，郑志军，高岩. 不锈钢的点蚀机理及研究方法 [J]. 材料导报，2015，29（23）：79~85.

[137] 张鉴清，曹楚南. 电化学阻抗谱方法研究评价有机涂层 [J]. 腐蚀与防护，1998（3）：3~5.

[138] 姜楠. 我国公共危机预警机制研究 [D]. 沈阳：沈阳师范大学，2011.

[139] 何涛. 基于深度学习的浸润线预测和尾矿库安全管理预警系统 [D]. 北京：北京科技大学，2020.

[140] 戴健非. 基于 LSTM 神经网络的浸润线预测方法研究及应用 [D]. 北京：北京联合大学，2020.

[141] 呼唤. 新中国灾害管理思想演变研究 [D]. 武汉：中国地质大学，2013.

[142] 李全明，张兴凯，王云海，等. 尾矿库溃坝风险指标体系及风险评价模型研究 [J]. 水利学报，2009，40（8）：989~994.

[143] 罗飞飞，李庆军. 基于灰色模糊理论的尾矿库安全评价方法研究 [J]. 工业安全与环保，2009，35（8）：46~48.

[144] 谢旭阳，江田汉，王云海，等. 基于支持向量机的尾矿库灾害区域预警 [J]. 中国安全生产科学技术，2008（4）：17~21.

[145] 苏怀智，温志萍，吴中如. 基于 SVM 理论的大坝安全预警模型研究 [J]. 应用基础与工程科学学报，2009（1）：40~48.

[146] 缪新颖. 基于无线传感器网络的大坝安全监测系统研究 [D]. 大连：大连理工大学，2013.

［147］谢振华, 陈庆. 尾矿坝监测数据分析的 RBF 神经网络方法 [J]. 金属矿山, 2006 (10): 69~70, 74.

［148］陈建宏, 朱鼎耀, 陈轶俊, 等. 基于 PCA-BP 神经网络的尾矿库坝体稳定性分析 [J]. 黄金科学技术, 2015, 23 (5): 47~52.

［149］王英博, 王琳, 李仲学. 基于 HS-BP 算法的尾矿库安全评价 [J]. 系统工程理论与实践, 2012, 32 (11): 2585~2590.

［150］戴健非, 杨鹏, 诸利一, 等. 集成 PCA 和 LSTM 神经网络的浸润线预测方法 [J]. 中国安全科学学报, 2020, 30 (3): 94~101.

［151］戴健非, 杨鹏, 王昕宇. 基于 BP 神经网络和 SVR 的 Fundao 尾矿坝排水数据预测对比研究 [J]. 中国安全生产科学技术, 2019, 15 (3): 92~97.

［152］鲁安妮. 基于 DAP-SVDD 长春地区未来 24 小时雾霾预测模型研究 [D]. 长春: 吉林大学, 2016.

［153］巨东东. 近邻传播算法的改进方案及其在雾霾预测中的应用 [D]. 合肥: 合肥工业大学, 2018.

［154］陈家海. 基于支持向量机的连续刚构桥施工状态可靠度研究 [D]. 南宁: 广西大学, 2018.

［155］Dams I C O L. Tailings dams: risk of dangerous occurrences: lessons learnt from practical experiences [M]. New York: United Nations Publications, 2001.

［156］Rico M, Benito G, Salgueiro A R, et al. Reported tailings dam failures: A review of the European incidents in the worldwide context [J]. Science, 2008, 152 (2): 846~852.

［157］Salgueiro A R, Pereira H G, Rico M T, et al. Application of correspondence analysis in the assessment of mine tailings dam breakage risk in the Mediterranean region [J]. Risk Analysis, 2008, 28 (1): 13~23.

［158］Zandarín M T, Oldecop L A, Rodríguez R, et al. The role of capillary water in the stability of tailing dams [J]. Engineering Geology, 2009, 105 (1): 108~118.

［159］Kun Wang, Peng Yang, Guangming Yu, et al. 3D Numerical Modelling of Tailings Dam Breach Run Out Flow over Complex Terrain: A Multidisciplinary Procedure [J]. Water, 2020, 12 (9): 1~14.

［160］Wang Kun, Yang Peng, Karen A, et al. Integration of DSM and SPH to model tailings dam failure run-out slurry routing across 3D real terrain [J]. Water, 2018, 10 (8): 1~15.

［161］Quigley R M, Fernandez F, Yanful E, et al. Hydraulic conductivity of contaminated natural clay directly below a domestic landfill [J]. Annales de Zoologie-Ecologie Animale (France), 1987, 24 (3): 377~383.

［162］Keck C. The effects of mining in Northern Romania on the heavy metal distribution in sediments of the rivers Szamos and Tisza (Hungary) [J]. CLEAN—Soil, Air, Water, 2006, 34 (3): 257~264.

［163］Wu J, Wu Y, Lu J. Laboratory study of the clogging process and factors affecting clogging in a tailings dam [J]. Environmental Geology, 2008, 54 (5): 1067~1074.

[164] Xu Z, Wu Y, Wu J, et al. A model of seepage field in the tailings dam considering the chemical clogging process [J]. Advances in Engineering Software, 2011, 42 (7): 426~434.

[165] KECK C. The effects of mining in northern Romania on the heavy metal distribution in sediments of the rivers Szamos and Tisza (Hungary) [J]. CLEAN—Soil, Air, Water, 2006, 34 (3): 257~264.

[166] Galhardi J A, Bonotto D M. Hydrogeochemical features of surface water and groundwater contaminated with acid mine drainage (AMD) in coal mining areas: a case study in southern Brazil [J]. Environmental Science & Pollution Research, 2016, 23 (18): 1~17.

[167] Lu Lin, Liu Tiancheng, Li Xiaogang. Composition analysis of the plating on electrolytically treated steel sheets in chromic acid solution [J]. Surface & Coatings Technology, 2007, 202 (8): 1401~1404.

[168] Zheng Y F, Wang B L, Wang J G, et al. Corrosion behaviour of Ti-Nb-Sn shape memory alloys in different simulated body solutions [J]. Materials Science and Engineering A, 2006, 438: 891~895.

[169] Iva Betova, Martin Bojinov, Timo Laitinen, et al. The transpassive dissolution mechanism of highly alloyed stainless steels [J]. Corrosion Science, 2002, 44 (12): 2675~2697.

[170] Ching-An Huang, Yau-Zen Chang, Chen S C. The electrochemical behavior of austenitic stainless steel with different degrees of sensitization in the transpassive potential region in 1M H_2SO_4 containing chloride [J]. Corrosion Science, 2004, 46: 1501~1513.

[171] Yin Q, Kelsall G H, Vaughan D J, et al. Mathematical models for time-dependent impedance of passive electrodes [J]. Journal of The Electrochemical Society, 2001, 148 (3): 200~208.

[172] Vera Cruz R P, Nishikata A, Tsuru T. AC impedance monitoring of pitting corrosion of stainless steel under a wet-dry cyclic condition in chloride-containing environment [J]. Corrosion Science, 1996, 38 (8): 1397~1406.

[173] Laycock N J, Moayed M H, Newman R C. Metastable pitting and the critical pitting temperature [J]. Journal of The Electrochemical Society, 1998, 145 (8): 2622~2628.

[174] Moayed M H, Newman R C. The relationship between pit chemistry and pit geometry near the critical pitting temperature [J]. Journal of The Electrochemical Society, 2006, 153 (8): 330~335.

[175] Williams D E, Mohiuddin T F, Zhu Y Y. Elucidation of a tigger mechanism for pitting corrosion of stainless steels using submicron resolution scanning electrochemical and photoelectrochemical microscopy [J]. Journal of The Electrochemical Society, 1998, 145 (8): 2664~2672.

[176] Iken H, Basseguy R, Guenbour A, et al. Classic and local analysis of corrosion behavior of graphite and stainless steels in polluted phosphoric acid [J]. Electrochemical Acta, 2006, 52 (7): 2580~2587.

[177] Vuillemin B, Philippe X, Oltra R, et al. SVET, AFM and AES study of pitting corrosion ini-

tiated on Mn's inclusions by microinjection [J]. Corrosion Science, 2003, 45 (6): 1143~1159.

[178] Lillard R S. A novel method for generating quantitative local electrochemical impedance spectroscopy [J]. Journal of The Electrochemical Society, 1992, 139 (4): 1007~1012.

[179] Annergren I, Zou F, Thierry D. Localized electrochemical impedance spectroscopy for studying pitting corrosion on stainless steels [J]. Journal of The Electrochemical Society, 1997, 144 (4): 1208~1215.

[180] Kohl M, Kalendova A. Effect of polyaniline salts on the mechanicaland corrosion properties of organic protective coatings [J]. Progress in Organic Coatings, 2015, 86: 96~107.

[181] Goodlet G, Faty S, Cardoso S, et al. The electronic properties of spultered chromium and iron oxide films [J]. Corrosion Science, 2004, 46 (6): 1479~1499.

[182] Bastos A C, Ferreira M G S, Simoes A M. Comparative electrochemical studies of zinc chromate and zinc phosphate as corrosion inhibitors for zinc [J]. Progress Inorganic Coatings, 2005, 52: 339~350.

[183] Liu C, Bi Q, Leyland A, et al. An electrochemical impedance spectroscopy study of the corrosion behaviour of PVD coated steels in 0.5N NaCl aqueous solution: Part I. Establishment of equivalent circuits for EIS data modelling [J]. Corrosion Science, 2003, 45: 1243~1256.

[184] Amirudin A, Thieny D. Application of electrochemical impedance spectroscopy to study the degradation of polymer-coated metals [J]. Progress in Organic Coatings, 1995, 26 (1): 1~28.

[185] Reusch D B, Alley R B. Automatic weather stations and artificial neural networks: improving the instrumental record in west antarctica [J]. Monthly Weather Review, 2002, 130 (12): 3037~3053.

[186] Pundak G, Sainath T N. Highway-lstm and recurrent highway networks for speech recognition [J]. Proc. Interspeech, 2017: 1303~1307.

[187] J Rubi C R, A review: Speech recognition with deep learning methods [J]. International Journal of Computer Science and Mobile Computing 4, 2015: 1017~1024.

[188] Wan Hongyan, Wu Guoqing, Yu Mali, et al. Software defect prediction based on cost-sensitive dictionary learning [J]. International Journal of Software Engineering and Knowledge Engineering, 2019, 29 (9): 1219~1243.

[189] Topuz K, Uner H, Oztekin A, et al. Predicting pediatric clinic no-shows: A decision analytic framework using elastic net and bayesian belief network [J]. Annals of Operations Research, 2017, 263 (1): 1~21.

[190] Romain Coulon, Jonathan Dumazert, Vladimir Kondrasovs, et al. Estimation of nuclear counting by a nonlinear filter based on a hypothesis test and a double exponential smoothing [J]. IEEE Transactions on Nuclear Science, 2016, 63 (5): 2671~2676.

[191] Sørensen L P, Bjerring M, Løvendahl P. Monitoring individual cow udder health in automated milking systems using online somatic cell counts [J]. Journal of Dairy Science, 2015,

99 (1): 608~620.

[192] Bergmeir, Christoph, Hyndman, et al. Bagging exponential smoothing methods using stl decomposition and box-cox transformation [J]. International Journal of Forecasting, 2016, 32 (2): 303~312.